U0394246

 "十三五"江苏省高等学校重点教材 (2016-1-096)

纺织服装高等教育"十三五"部委级规划教材

新型纱线产品开发与创新设计

XINXING SHAXIAN CHANPIN KAIFA YU CHUANGXIN SHEJI

张圣忠 赵菊梅 谢永信 编著

东华大学出版社

·上海·

内 容 提 要

本书采用职场化典型案例项目，系统地介绍了纺织行业新型纱线产品开发与创新设计的基本做法和要求，主要内容包括认识与分析新型纱线、订单来样纱线开发与设计——经典色纺麻灰纱线开发、市场流行纱线产品开发与设计——功能性纤维多元混纺纱线开发及创新创意纱线产品开发与设计——新型纱线创新开发思路，同时介绍了新型纱线创新创意设计的基本要素、构思方法和实施要求。

本书可作为高等纺织院校现代纺织技术专业核心课程教材，特别适合作为高职高专院校现代纺织技术专业任务驱动型教材，也适合作为本科院校、成人高校的纺织类教材，还可作为纺织科研单位和企业的技术管理人员、产品创新研发人员、工程技术人员及经贸营销人员的培训教材和自学参考用书。

图书在版编目(CIP)数据

新型纱线产品开发与创新设计/张圣忠，赵菊梅，
谢永信编著. —上海：东华大学出版社，2018.9
ISBN 978-7-5669-1478-1

Ⅰ.①新… Ⅱ.①张… ②赵… ③谢… Ⅲ.① 纺纱
工艺—工艺设计 Ⅳ.①TS/04.1

中国版本图书馆 CIP 数据核字(2018)第 219921 号

责任编辑：张　静
封面设计：魏依东

出　　　版：东华大学出版社(上海市延安西路 1882 号,200051)
本 社 网 址：http://dhupress.dhu.edu.cn
天猫旗舰店：http://dhdx.tmall.com
营 销 中 心：021-62193056　62373056　62379558
印　　　刷：江阴市天源印刷有限公司
开　　　本：787 mm×1 092 mm　　1/16
印　　　张：11.5
字　　　数：287 千字
版　　　次：2018 年 9 月第 1 版
印　　　次：2018 年 9 月第 1 次印刷
书　　　号：ISBN 978-7-5669-1478-1
定　　　价：39.00 元

前　言

随着科技的迅猛发展及创新时代的到来,现代纺织产业对高技术技能人才的要求也日益提高,纺织企业迫切需要精通专业技术又具有创新能力的综合创新型人才,同时需要综合纺纱产品开发技术与创新方法的实用参考书。

本书为纺织服装高等教育"十三五"部委级规划教材,"十三五"江苏省高等学校重点教材,现代纺织技术专业核心课程任务驱动型教材,盐城工业职业技术学院与江苏悦达纺织园等企业产教深度融合构建的企业职场化项目教学做一体化教材。

本书根据高等职业技术院校教学实际,遵循"岗位引领、学做合一"的基本原则,系统介绍纺织行业新型纱线产品开发与创新设计的基本做法和要求,以及新型纱线创新创意设计的基本要素、构思方法和实施要求,采用职场化典型案例项目进行编排。本书主要内容包括认识与分析新型纱线、订单来样纱线开发与设计——经典色纺麻灰纱线开发、市场流行纱线开发与设计——功能性纤维多元混纺纱线开发,以及创新创意纱线产品开发与设计——新型纱线创新开发思路。循序渐进地进行职场化任务分析和设计实践,可通过团队小组与个人结合,讨论调研、上机做、做中学、做中教,以培养学生的创新设计综合职业能力。

本书可作为高等纺织院校现代纺织技术专业核心课程教材,特别适合作为高职高专院校现代纺织技术专业任务驱动型教材,也适合作为本科院校、成人高校的纺织专业教材,还可作为纺织科研单位和企业的技术管理人员、产品创新研发人员、工程技术人员及经贸营销人员的培训教材和自学参考用书。

本书由张圣忠、赵菊梅、谢永信编著,刘华、樊理山审稿,刘华主审。编写组核心成员张圣忠研究员级高工、教授,在大中型纺织企业技术高管、产品研发岗位工作20多年,主持研发省级新产品、高新技术产品和市场热销新产品数百种,获授权发明及实用新型专利20余件,市级以上科技进步奖10余项,负责内容的系统架构,统领并实施了编著工作;赵菊梅老师担任"新型纱线产品开发与工艺设计"核心课程团队负责人多年,为本书的主要执笔;谢永信高工在知名色纺企业任总裁多年,著有《色纺纱实务》等,参与本书项目二的编写并提供了企业重要素材;赵磊老师为项目四的编写提供了部分资料。在本书编著过程中,得到了江苏高校品牌专业建设工程(PPZY2015C254)和江苏省高等职业教育产教深度融合实训平台的资助,还得到了盐城工业职业技术学院和全国纺织服装职业教育教学指导委员会等单位的支持,以及纺织500强企业悦达纺织集团刘必英研究员级高工、江苏新金兰李德华总经理等许多企业界朋友的大力支持,同时参考或选编了部分业界专家发表的文献资料。在此一并深表感谢!

限于编者水平,书中疏漏、谬误难免,欢迎读者提出宝贵意见。

编　者

2018 年 7 月

目　　录

◆**读者对象：**

中、高职及应用型本科院校师生、现代学徒制结对实训师徒、生产与贸易企业技术管理人员等。

◆**课程与课时安排**

项目	任务	课时	理论教学	课内实训
项目一 认识与分析新型纱线	1. 认识新型纱线 2. 分析原料新型纱线 3. 分析竹节纱线 4. 分析花色纱线 5. 分析花式纱线	2 4 4 2 2	 1 1 	2 3 3 2 2
项目二 订单来样纱线开发与设计——经典色纺麻灰纱线开发	1. 色纺纱订单来样分析 2. 散纤维染色 3. 色纺纱打样与配色 4. 生产计划制定 5. 色纺纱工艺设计与实施 6. 成品测试与工艺分析 7. 色纺纱报价	4 4 4 2 6 4 4	1 1 2 1	3 4 3 2 4 4 3
项目三 市场流行纱线开发与设计——功能性纤维多元混纺纱线开发	1. 产品市场调研计划 2. 产品市场调研报告 3. 功能性纤维纱线设计 4. 工艺优化实施 5. 样品检测与评审 6. 新产品市场推广	2 4 4 4 2 4	1 2 1 1 1	1 2 3 3 2 3
项目四 创新创意纱线开发与设计——新型纱线创新开发思路	1. 新型纱线创新要素 2. 新型纱线创新方法 3. 新型纱线创意设计与实施 4. 新产品立项与技术评审鉴定 5. 产品创新与知识产权保护 6. 研发成果推广与反思	4 4 6 4 4 2	2 1 2 2 	2 3 6 2 2 2

建议课时数(80～90)

项目一　认识与分析新型纱线

项目基本要求

1. 熟悉新型纤维原料的种类、加工方法及纺纱性能。
2. 认识新型纺纱方法的种类,能熟练说出其纺纱原理及工艺要点。
3. 能正确区分常见新型纱线的种类,并熟知其生产原理、纱线性能及工艺要点。
4. 能运用科学的方法、手段对常见新型纱线产品进行技术参数分析,形成可供后续设计、生产的样品分析报告。
5. 熟悉新型纱线产品的应用领域,了解新型纱线产品的开发思路。

项目任务

　　企业产品研发主要分为三个层次:仿制生产、改进设计和全新开发。仿制生产和改进设计是企业产品研发日常工作的主体,而仿制生产和改进设计的前提是认识从客户或市场得到的新型纱线样品,准确分析这些样品是研发、生产满足客户要求的产品的基础。作为企业的产品研发人员,接到客户提供的原料新型、结构新型或功能新型纱线样品时,应该能够准确构建分析思路,运用科学的分析方法和程序,对样品进行分析,获得正确的技术参数,形成可作为后续设计、生产依据的样品分析报告。

任务一　认识新型纱线

　　(1) 给定新型天然纤维、新型纤维素纤维、新型化学纤维分别各一二种,通过显微镜观察,区分几种新型纤维原料的大类,并说出该类纤维的加工方法和纤维纺纱性能。

　　(2) 用干定量为 5.53 g/10 m 的纯棉粗纱(赛络纺为 2.76 g/10 m),在赛络纺纱、紧密纺纱、包芯纺纱、竹节纺纱等细纱设备上分别纺制规格为 18.5 tex 的纱线,并说明四种纱线的纺纱工艺要点及纱线性能特点。

　　近年来,环锭纺、转杯纺、涡流纺等纺纱方法,通过不断的工艺技术改进与产品设计创新,彻底

改变了传统纱线生产业,新型纱线品种日新月异且性能多样、用途广泛,为中高档纺织产品的开发提供了良好的基础,同时对人们物质生活水平的提高做出了很大的贡献。新型纱线产品的开发不仅适应了全民创新的时代需求,同时也是我国传统纺织行业转型升级的必然途径。

所谓新型纱线,是区别于传统纱线产品,在纱线原料、工艺技术、纺纱方法、功能、用途等方面有所创新的纱线。新型纱线通常具有新颖的功能特性、特殊的纱体结构或显著的色彩与色泽特征。新型纱线产品开发应以环保、经济、耐用为原则,追求健康、舒适与时尚。与传统的纱线市场相比,新型纱线市场有着显著的区别和特征。

一、新型纱线的市场特点

(1)新型纱线的开发成本一般较高,且工艺难度较大。新型纱线的生产工艺流程长,涉及工艺技术人员及产品生产人员较多。新产品从设计、试制、小样、试用反馈到投放市场,开发者需要花费巨大的人力、物力和财力。

(2)新型纱线的市场适应性各异,产品更替较快。新品种纱线的市场适应性及应用性需要经历较长一段时间的市场反馈和考验,因工艺或设计上存在瑕疵,或者产品上市后很快有综合性能更加优异的替代品问世,导致很多新型纱线产品面世后很快便退出市场。

(3)新型纱线市场规范难以完善,产品的市场流通受到质量标准不健全的限制。新型纱线产品品种多、生命周期短,工艺技术及质量指标难以统一,且仍有较大改进空间,产品质量标准较多参考开发者所在的企业标准或客户的定制标准,缺乏公平性和公正性,在很大程度上限制了新产品的发展。

二、新型纱线的种类

近年,市场上流行的新型纱线,归纳起来主要有原料新型纱线、结构新型纱线、工艺新型纱线、功能新型纱线和用途新型纱线等多种。这些新型纱线的开发生产一般基于新型原料纺纱、新型设备纺纱等。

(一)新型原料纺纱

1. 新型纤维原料的选用

与新型纱线市场相比,新型纤维的开发同样日新月异。采用新型纤维纺制的纱线产品给人以全新的应用体验,较易在市场上推广。按照纤维物理化学结构及生产方式不同,新型纤维原料大致可以分为以下几类:

(1)新型天然纤维:利用新型基因技术生产的彩棉(图1-1)、木棉(图1-2),采用纯有机方式生产的有机棉,采用新型提取工艺,从天然植物原料中获取的桑皮纤维、棉花秸秆纤维、生姜纤维、木芙蓉纤维等。新型天然纤维在抗菌抑菌、保健、防紫外线等领域各有所长,具有良好的应用前景。

(2)新型纤维素纤维:采用特殊工艺在传统黏胶或天丝的纺丝液中添加具有特殊功能的组分,纺制功能性新型纤维素纤维,如添加芦荟精华提取液生产的芦荟纤维(图1-3)、添加薄荷精油生产的薄荷纤维(图1-4)等。此外,寻求新型纤维素原料,也是新型纤维素纤维开发的重要途径,如木纤维、麻赛尔纤维等。

图 1-1　彩棉　　　　　　　　　　图 1-2　木棉

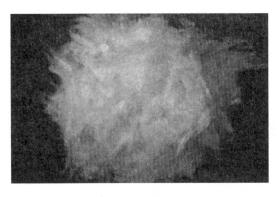

图 1-3　芦荟纤维　　　　　　　　图 1-4　薄荷纤维

（3）新型再生蛋白质纤维：利用从天然牛乳或植物（如花生、玉米、大豆等）中提炼的蛋白质溶液，经特殊工艺纺丝而成，分为再生植物蛋白质纤维与再生动物蛋白质纤维。再生蛋白质纤维具有良好的物理化学性能和保健性能，应用广泛，具有良好的发展前景，近年受到了社会各界的广泛关注。

（4）新型化学纤维：通过化学合成或改性，改善传统化学纤维的性能而成，如记忆丝PTT、聚酯/聚酰胺复合纤维等。

通过高科技手段，将功能性纳米级微粒加入纺丝液，可生产具有特殊功能的化学纤维，其品种较多，常见的有夜光纤维（图 1-5，黑暗状态下）、珍珠纤维（图 1-6）、竹炭纤维、芳香纤维、负离子纤维、发热纤维、阻燃纤维、耐热纤维、止血纤维、防辐射纤维等。这些具备特殊功能的纤维原料，除用于日常生活，还可广泛用于各种特殊产业，如军事、航海、航天、消防、建筑、医学、娱乐等。

此外，通过物理结构的改变，即改变喷丝孔形状，可生产具有异形横截面的新型化学纤维，如图 1-7 所示。此类化学纤维一般具有芯吸功能，可显著改善常规化学纤维吸水持水性差、亲肤性差的特性，部分产品的吸水性能可提高数十倍，多用于运动用品、特殊用途抹布等领域。

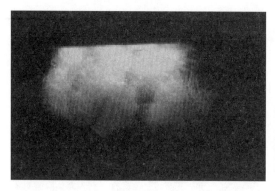

图 1-5　夜光纤维

图 1-6　珍珠纤维

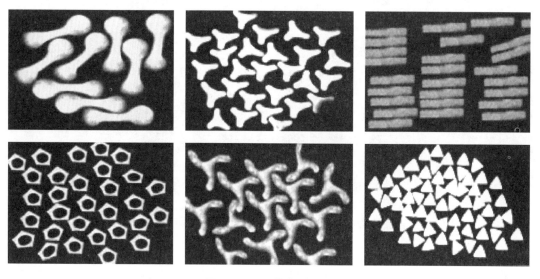

图 1-7　异形横截面纤维

（5）有色纤维：本身具有色彩或通过原液着色法、染色法等获得色彩的纤维。利用有色纤维生产的纱线统称为色纺纱，一般由两种或两种以上不同色泽、不同性能的纤维混纺而成。色纺纱可实现白坯布染色所不能达到的色彩效应，还可以减少印染后整理时各种纤维因收缩或上染性能差异而造成的布面疵点。色纺纱因其最终的色光由多缸纤维色光混合而成，具有双色或多彩感，能达到夹花朦胧效果，所制成的面料可呈现多种色彩、手感柔和、质感丰满的风格特征，从而提高了产品的附加值。

图 1-8　普通色纺纱

色纺纱自推向市场以来，受到了消费者的青睐，其产品早已跨越普通结构的环锭纱，不仅混色方式多种多样，纱线结构也形式各异，常见品种有普通色纺纱（图 1-8）、麻灰纱（图 1-9）、段彩纱（图 1-10）、彩点纱、竹节纱等，色彩柔和且有层次感，风格独特，可广泛用于休闲服、运动服、内衣、牛仔服等领域。

图 1-9　麻灰纱

图 1-10　段彩纱

2. 新型组分的设计

传统的纺纱产品设计，对混纺纱的原料进行选择时，应考虑不同组分间的纺纱性能差异，一般认为差异越小越利于纺纱生产。随着纺纱技术的改进，克服了由混纺组分间的纺纱性能差异导致的工艺技术难点，将彩棉、羊绒、蚕丝、麻纤维、桑皮纤维等可纺性较差但本身具有无可取代优势的纤维成功应用于混纺纱领域，通过原料组分的合理、巧妙设计，将这些纤维特殊的亲肤性、保健性、抗菌抑菌性等与可纺性、服用性较好的纤维相结合，取长补短，开发了多种多样的高端纱线品种，很大程度上提高了产品附加值。如棉/羊绒/蚕蛹蛋白(70/20/10)14.5 tex 混纺纱，以棉为主体成分，加入集保暖、柔软、亲肤于一体的高端羊绒纤维，并结合具有氨基酸结构的保健蚕蛹蛋白纤维，不仅舒适耐用，提升了产品档次，而且有效控制了高档纱的生产成本。此类产品广泛应用于婴幼儿服装、内衣、袜类、床上用品等领域，获得了较理想的市场认知度和美誉度。

（二）新型环锭纺设备及工艺纺纱

1. 传统环锭纺设备创新

（1）赛络纱。

① 生产原理。在细纱机上同时平行喂入两根保持一定间距的粗纱，经过由后罗拉和后胶辊、上下胶圈及前罗拉和前胶辊共同构成的牵伸区进行连续牵伸，然后由前罗拉输出有一定间距的两根单纱须条，如图 1-11 和图 1-12 所示，由于捻度的传递，各单纱须条上带有少量的捻度，并合后再加捻成类似合股的纱线。赛络纺纱是在改造后的环锭细纱机上进行的。

图 1-11　赛络纺纱

图 1-12　赛络纺纱示意图

② 主要工艺。

a. 由于采用双粗纱喂入，要对粗纱架进行增容改造，粗纱采用较小的卷装，粗纱定量有一定的减小，相应地需采用双槽喇叭口。

b. 要生产类似股线风格的较细纱线，除了粗纱采用小定量外，细纱机应采用较大的牵伸倍数，因此对细纱机牵伸机构的要求较高。

c. 由于双粗纱喂入，为了防止其中一根断头而另一根继续生产的现象，应加强值车管理，减少看台或在导纱钩与前罗拉间安装断头检测装置。

③ 主要性能。赛络纱的强力较普通环锭纱提高约10%但较股线低，条干优于单纱且与股线接近，具有较好的断裂伸长率，毛羽显著减少。

（2）紧密纱。

① 生产原理。紧密纺纱是为了克服传统环锭纱加捻三角区缺陷而创新开发的新型纺纱方法，目前主要有气流集聚和机械集聚两种形式，常见的气流集聚即紧密纺在环锭细纱机的牵伸装置上利用气流增加一个纤维凝聚区，如图1-13所示，纤维须条从前罗拉钳口输出前，先经过异形吸风管外套的网眼皮圈，由于气流的收缩和聚合作用，通过异形吸风管的吸风槽使须条集聚、转动，逐步从扁平带状转变成圆柱体。

图1-13　紧密纺纱

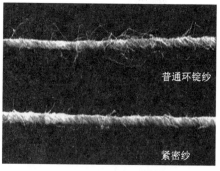

图1-14　紧密纱与普通环锭纱外观对比

② 主要工艺。

a. 由于抽吸鼓上存在抽吸作用，要求须条在抽吸鼓上的宽度不得大于4 mm，因此喇叭口的横动范围很小。由此可知，皮辊的磨损是显而易见的。普通细纱机的前皮辊能用6个月，紧密纺细纱机的前皮辊只能用3个月。此外，网格圈直接与须条接触，也较易磨损或堵塞，须定期保养和更换。

b. 与传统环锭纺相比，纺制相同等级的纱线，紧密纺在原料选配时可适当降低原料品级，并采用较低的细纱捻系数，产量可提高约20%。

③ 主要性能。紧密纱与环锭纱相比，前者的强力增加约15%，毛羽减少约50%，耐磨性能提高，纱体光洁，粗节、棉结明显减少，如图1-14所示，其织物光泽柔和、耐用性好，可有效提升纺织产品的档次。

（3）包芯纱。

① 生产原理。在环锭细纱机上加装一组芯丝（纱）喂入装置，可生产皮芯结构的复合纱，即包芯纱。通过皮芯原料的改变，可以生产多种形式的包芯纱。包芯纱一般以化纤长丝

为芯，外包短纤维而形成。常见的包芯纱生产，短纤维经常规纺纱流程制成粗纱，化纤长丝通过细纱机的附加装置和张力控制装置，经长丝导入装置喂入前罗拉，与经过牵伸的短纤维须条汇合于细纱机前罗拉钳口处，经前罗拉输出后，经过导纱钩，在钢领钢丝圈加捻卷绕下形成包芯纱，如图 1-15 所示。

图 1-15　包芯纺纱

② 主要工艺。

a. 在细纱机前罗拉钳口处的须条与喂入长丝精准并合，一般停用粗纱横动装置，确保长丝处于须条中央，防止产生露芯疵纱。喂入粗纱定量根据包棉率、芯纱含量及细纱牵伸倍数决定。

b. 长丝喂入罗拉钳口前需附加适当的预加张力。

c. 细纱工艺：根据芯纱含量适当控制芯纱张力及预牵伸倍数；常用捻系数为 350～400；必须采取加大前罗拉张力、增大钳口隔距、适当放大前中罗拉隔距等措施，减少牵伸力，防止前胶辊滑溜造成"硬头"；钢丝圈选择应考虑通道宽敞，调整周期适当，防止通道磨损而损伤长丝等芯纱。

③ 主要性能。包芯纱的抗拉伸性、抗撕裂性和抗收缩性好，吸湿性好，静电少，不易起毛起球，高弹、高模、低伸长、耐切割，可广泛用于各类针织和机织面料。

（4）竹节纱。

① 生产原理。常见竹节纱因生产原理不同，大致可分为以下四类：

a. 变牵伸型竹节纱：瞬时改变机器的牵伸倍数而形成竹节，可采用改造后的环锭细纱机或转杯纺纱机纺制。

b. 植入型竹节纱：在前钳口后面瞬时喂入一小段须条而形成竹节。先将短纤维纺制成符合一定工艺要求的粗细均匀的须条，再将须条喂入牵伸装置中区，改变牵伸倍数，牵伸装置输出的须条上便形成粗节。

c. 牵伸波型竹节纱：利用短纤维的浮游运动性产生条干不匀的原理，如在一根或数根长丝中加入适量可纺短纤维，即在喂入纱条中增加短纤维的含量，并在细纱机上调整相关工艺部件及参数，如去掉上销及上下皮圈，保留下销，利用短纤维制造牵伸波，使缠绕在长丝上的短纤维形成竹节。

d. 涂色型竹节纱：利用人的视觉效应，分段对普通纱线印色，生产类似竹节效应的竹节纱。

② 主要工艺。竹节纱的生产原理不同，应采用不同的工艺。生产中常用变牵伸竹节，在传统环锭纺细纱机上进行改造，加装无极调速装置，瞬时改变罗拉转速，实现牵伸倍数的瞬时改变。需要注意的是，竹节粗度、节长、节距应设置为一定范围的随机值，以防出现不良的布面效果。

③ 主要性能。竹节纱具有特殊的表面结构，其制品具有独特的风格特征，常制成仿麻类高档纺织面料，然而其竹节部分结构松散，毛羽较多，生产难度较大，其织物耐用性受限，多用于机织面料的生产。竹节纱及其面料如图 1-16 和图 1-17 所示。

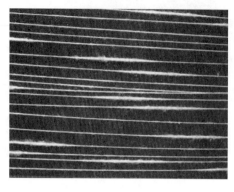

图 1-16　竹节纱

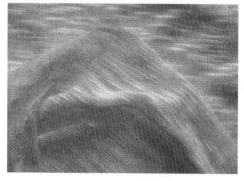

图 1-17　竹节纱面料

（5）赛络菲尔纱。

① 生产原理。在赛络纺的基础上，用一根长丝取代其中一根粗纱，与另一根单纱加捻成纱，即赛络菲尔纱，其最终成纱由长丝和短纤维两种不同组分构成。在赛络菲尔纺纱过程中，粗纱须条通过正常牵伸，长丝则通过导丝装置从前罗拉喂入，粗纱与长丝间保持一定的间距，两种组分通过前罗拉输出钳口后直接并合加捻成纱，如图 1-18 所示。

② 主要工艺。

在环锭细纱机上进行改造：

a. 重构粗纱架，将粗纱架增加一倍，以适应双组分即长丝和粗纱的喂入。

b. 停用粗纱横动装置。

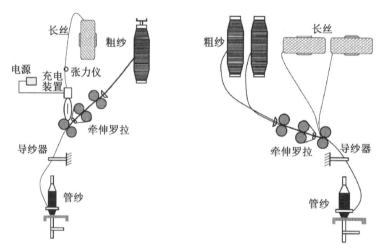

图 1-18　赛络菲尔纺纱示意图　　　　图 1-19　嵌入纺纱示意图

c. 加装长丝导纱装置，保证长丝准确喂入。

d. 前后牵伸区加装双槽集合器，用以控制牵伸须条的间距。

e. 加装单纱打断装置。

③ 主要性能。纱线刚性较大，捻系数大，织物紧度大；赛络菲尔纱的断裂强度与断裂伸长均比赛络纱高，毛羽进一步减少，故其纺纱线密度更低，可以用作高档轻薄面料。同时，用

一根长丝代替粗纱,既可降低纺纱成本,又可提高纺纱支数。

(6)其他新型环锭纺纱。除上述通过环锭纺设备改造而产生的新型纺纱技术,还有嵌入纺纱(图 1-19)、缎彩纺纱、低扭矩纺纱等多种新型环锭纺技术,为新型纱线产品的开发提供了形式多样、优势各异的技术支撑。同时,利用这些新型纺纱技术,可以开展多元组合开发,形成千姿百态的新型纱线。

2. 传统环锭纺工艺创新

(1)弱捻纱与强捻纱。

加捻是环锭纺纱提高纱线强力的核心环节,一般认为细纱捻系数小于 300 称为弱捻纱,大于 500 称为强捻纱。弱捻纱多用作起绒纱,毛巾用的"无捻纱"就是其中一种,如图 1-20 所示。强捻纱的捻系数一般在 600~700,经织造、整理后,布面会产生均匀的皱纹,形成风格独特的绉布,如图 1-21 所示,滑爽透气,常用于夏季服装。

图 1-20 弱捻纱制品

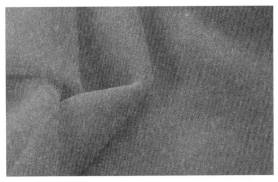

图 1-21 强捻纱制品

(2)反手纱(Z 捻)与顺手纱(S 捻)。

传统环锭纺生产的纱线一般为反手纱,即纱线捻向为 Z 捻,如图 1-22 所示。纱线捻向设计主要考虑细纱挡车工的操作习惯,若从 Z 捻改纺 S 捻,须根据机型做工艺设备调整,如将细纱机车头的工艺齿轮调整到 S 捻传动模式、调节主电动机转向、将锭带轮方向调整到 S 捻方向、避免锭带脱落等。随着工艺自动化程度的不断提高,纱线捻向的设定越来越自由。纱线捻向会较大程度地影响织物的外观和手感,利用经纬向的捻向不同和织物组织的变化,可织制纹路清晰、组织点突出、光泽和手感较好的织物,也可通过捻向不同的纱线排列形成隐条隐格面料。在针织生产

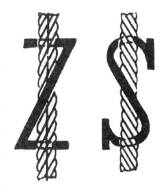

图 1-22 纱线捻向示意图

中,采用反手纱与顺手纱交替织造,是克服针织面料扭曲、变形、纬斜的有效方法之一。在合股线加工过程中,如采用顺手纱与反手纱合股加捻,能有效提高纱体内纤维间的抱合力,增强股线强力。

3. 新型纺纱设备纺纱

(1)转杯纱。

① 生产原理。喂入的纤维条由包覆有针布的回转分梳辊开松成单纤维流,其随气流被

输送到高速回转的转杯内壁,在凝聚槽内形成纱尾,同时被加捻成纱引出,直接绕成筒子。

②主要工艺。

a. 纺纱工艺流程较短,经过开清棉、梳棉、并条工序,直接利用棉条纺纱,减少了粗纱和络筒工序。

b. 开清棉工艺相对简化,棉条中的部分杂质和短绒由转杯纺纱机的除杂装置排除。

c. 采用具有排杂装置的转杯纺机,加捻杯转速高,保持一定真空度,成纱结杂少,断头率低。

d. 除对成纱纱疵有特殊要求外,一般不需要络筒工艺。

③主要性能。转杯纱的强力低于环锭纱,纺棉时较环锭纱低 10%～20%,纺化纤时低 20%～30%;成纱条干比环锭纱均匀,转杯纱比较清洁,纱疵少而小,其纱疵数仅为环锭纱的1/4～1/3;耐磨度高,一般转杯纱的耐磨度比环锭纱高 10%～15%;转杯纱属于低张力纺纱,且捻度比环锭纱大,因而转杯纱的弹性比环锭纱好;捻度比环锭纱多 20%左右,纱线的手感较硬;结构蓬松,吸水性强,染色性和吸浆性较好,染料可少用 15%～20%,浆料浓度可降低 10%～20%。

几种常见纱线的外观如图 1-23 所示。

(2)涡流纱。

①生产原理。利用气流喷射,在喷嘴内产生高速旋转气流,使须条的边纤维(一端自由纤维)的自由端对内层纤维产生相对角位移,使须条获得真捻而成纱。

②主要工艺。

a. 分梳:采用分梳辊对纤维进行分梳,再接气流送至涡流管。

b. 凝聚并合:涡流管中高速回转的气流环带着纤维回转,引纱剥去纤维,输出时尾纱得到加捻。

c. 细纱:采用涡流管成纱,断头后无需清扫。

③主要性能。纱体上弯曲纤维较多,纱线强力低,条干均匀度较差,但染色、耐磨性能较好。涡流纱的强力可达到环锭纱的80%以上,强力不匀率低。用涡流纱织布时,其生产效

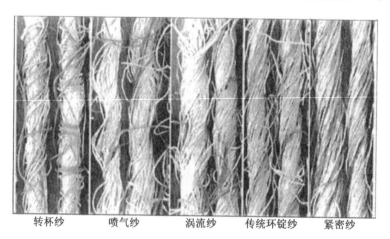

转杯纱　　喷气纱　　涡流纱　　传统环锭纱　　紧密纱

图 1-23　几种常见纱线的外观

率高于环锭纱。涡流纱因外包纤维比例高,具有良好的抗起球性能,且纱线结构较蓬松,其染色性能与吸湿透气性能优于喷气纱。

新型纺纱方法多种多样,转杯纺、涡流纺作为其中的优秀代表,其自动化程度、效率和产量高,越来越得到行业、企业的重视,具有一定的市场占有率。此外,摩擦纺、尘笼纺、静电纺、数码纺等新型纺纱技术也受到了关注。

4. 后加工花式纱线

① 生产原理。传统的花式纱线由芯纱、饰纱和固纱三个部分组成。芯纱经芯纱罗拉输送,经导纱罗拉进入空心锭子;饰纱经牵伸机构进入空心锭子,饰纱的喂入速度不停变化;固纱从空心锭子筒管上引出,进入空心锭子。三根纱同时喂入,在加捻器以前,芯纱、饰纱随空心锭子一起回转而得到假捻,而固纱从空心锭子上退绕下来,与芯纱、饰纱平行,但不经过假捻。通过加捻器后,芯纱、饰纱上的假捻消失,而固纱包缠在芯纱和饰纱上,将由于饰纱超喂变化形成的花型固定下来,形成花式纱线,如图 1-24 所示。在花式纱线生产中,芯纱需有一定张力,饰纱要有超喂,固纱必须包缠,通过改变超喂比、牵伸倍数、捻度等工艺参数,可使得到的花式纱线结构千变万化。常见的花式纱线如图 1-25 所示。

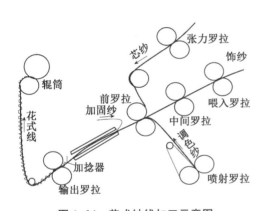

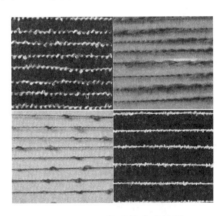

图 1-24　花式纱线加工示意图　　　图 1-25　常见的花式纱线

② 主要工艺。

a. 超喂比:饰纱与芯纱的喂入速度比可以恒定,即饰纱速度以花式规律恒定于芯纱速度,也可采用变超喂,从而使花式不断变化。

b. 牵伸倍数:可以恒定,也可以不断变化,从而生产不同的花型。

c. 芯纱张力:由张力器或罗拉进行调整,其直接影响成纱质量及花型的稳定性。

d. 花式纱线的捻度:对筒管卷绕机型而言,指固纱对芯纱单位长度内包缠数。包缠数与花式纱线的手感、外观、花式效果有直接关系。

一、认识新型纤维

以小组为单位,发放标有序号的 5 个袋子,每个袋子里装有不同的新型纤维原料若干。

要求各小组通过显微镜观察,迅速区分纤维大类,查阅文献资料,了解该类纤维的加工方法和纤维主要性能。

1. 实验准备

(1)实验样品:5种纤维样品若干,标识好序号。

(2)实验材料与设备:火棉胶50 mL、蒸馏水50 mL、50 mL滴瓶2只、载玻片10片、盖玻片10片、镊子1把、哈氏切片器1个、电子显微镜1台。

(3)实验条件:1个标准大气压,气温20 ℃±5 ℃,空气相对湿度65%±5%。

2. 切片制作与观察

(1)横截面切片制作与观察。抽取1号样品一束,用手扯法整理平直,将其放入哈氏切片器的凹槽中,填充的纤维数量应以轻拉纤维束时稍有移动为宜。用锋利的单面刀片切去露在哈氏切片器正反面以外的纤维,将螺座转回原位,旋转精密螺丝半格或一格,使纤维束稍微伸出金属板表面,然后在露出的纤维上涂上薄薄一层火棉胶,待火棉胶干后,使用锋利的单面刀片沿金属板表面以10°左右的角度切片。用镊子夹取切片置于载玻片上,滴入蒸馏水,盖上盖玻片,置于显微镜载物台上,调整至适当的放大倍数,截取观察到的影像,并做好记录。其他样品的方法一致。

(2)纵向样品制作与观察。抽取1号样品数根,整理整齐后置于载玻片上,滴入蒸馏水,盖上盖玻片,置于显微镜载物台上,调整至适当的放大倍数,截取观察到的影像,并做好记录。其他样品的方法一致。

3. 实验结果

实验结果如图1-26至图1-30所示,经过500倍或250倍放大,获得几个样品的横截面及纵向的清晰照片。

4. 结果分析

观察5组样品的横截面和纵向微观结构,对比常见的纤维类别,得到表1-1的结论。

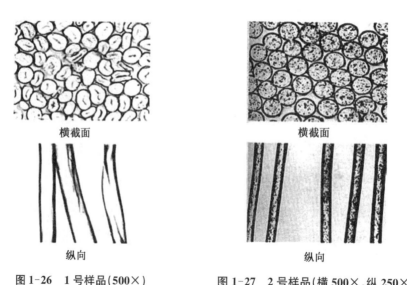

图1-26 1号样品(500×)   图1-27 2号样品(横500×,纵250×)

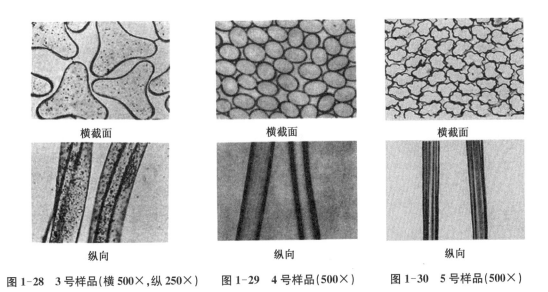

图 1-28 3 号样品(横 500×,纵 250×)　　图 1-29 4 号样品(500×)　　图 1-30 5 号样品(500×)

表 1-1　实验结果分析

样品序号	微观结构	纤维类别	纺纱性能
1	横截面呈腰圆形且有中腔,纵向呈扁平带状,有转曲	天然纤维素纤维	纤维回潮率较大,不易产生静电,抱合力强,纺纱性能良好
2	横截面均匀且呈正圆形,纵向顺直无沟槽,纤维内部和外表均分布有细小阴影,类似某种纳米级功能材料添加物或纤维经改性导致表面不光滑	化学改性纤维(熔融纺丝)	可能具有某些特殊性能或功能,纺纱过程中易产生静电,纤维需经适当预处理
3	横截面呈三叶形,纤维间差异小,显然由三叶形喷丝孔加工而成,纵向呈现与横截面相对应的三叶形立体结构,纤维内部和外表均分布有细小阴影,类似某种纳米级功能材料添加物或纤维经改性导致表面不光滑	异形改性纤维(熔融纺丝)	多用于吸湿快干的功能性或运动面料,纺纱过程中易产生静电,纤维需经适当预处理
4	横截面呈椭圆形,大小基本均等,纵向顺直平滑,表面光滑,一致性好	化学纤维(熔融纺丝)	纤维光滑,抱合力小,纺纱过程中易产生静电,纤维需经适当预处理
5	横截面呈圆锯齿结构,纵向有沟槽,类似黏胶纤维的微观结构	纤维素纤维(湿法纺丝)	类似黏胶纤维的纺纱性能,吸湿性好,但放湿快,易产生静电

二、认识新型纱线

向各小组发放干定量为 5.53 g/10 m 的纯棉粗纱(赛络纺为 2.76 g/10 m)若干个、40 D 氨纶长丝若干卷。要求各小组在给定型号的细纱机上纺制纱线规格为 18.5 tex 的赛络纱、紧密纱、包芯纱、竹节纱各一组(牵伸效率取98%),并说明这四种纱线的纺纱工艺要点及纱线性能特点。

1. 主要工艺制定

见表1-2。

表1-2　主要工艺

品种	粗纱干定量 (g/10 m)	细纱干定量 (g/100 m)	机械牵伸倍数	捻系数	其他主要工艺
赛络纱	2.76	1.71	32.94	340	粗纱间距5 mm
紧密纱	5.53	1.71	33.00	340	吸风负压3 200 Pa
包芯纱	5.53	1.71+0.44	33.00	360	氨纶长丝的弹力牵伸倍数2.93
竹节纱	5.53	1.71	33.00	360	竹节粗度2.5倍,节长、节距随机

2. 工艺试纺与结果分析

各小组将制定的主要工艺参数值输入车头控制面板,组织上车生产,其结果见表1-3。

表1-3　试纺结果分析

品种	纱线性能特点
赛络纱	纱线表面光洁,毛羽较少,强力较高,纱线易回捻,手工解捻时可将纱线分为两股,且两股捻向与纱线捻向一致
紧密纱	纱线表面光洁,毛羽较少,强力较高,纱线截面较圆整,结构紧密
包芯纱	纱线纵向拉伸有一定弹性,无张力条件下纱体蓬松,拉伸时通常纱体先断,而后长丝断
竹节纱	纱线表面分布有不规则粗结,粗结与纱体颜色一致,纱体毛羽较多,纱体纵向捻度分布不均,粗结处纱线蓬松捻回较少

(1) 在自己的衣物中寻找几款机织服装,抽取几根纤维,置于显微镜下观察其微观结构,并将观察结果与服装的成分标识进行对比。

(2) 深入思考四种纱线在纺制过程中主要工艺参数制定是否恰当,试纺中凸显了哪些工艺问题,应如何解决?

任务二　分析原料新型纱线

客户来样为混纺纱线,要求仿制,但不知其原料种类及混纺比。试制定合理的方案,分析纱线原料组分及混纺比。要求实验操作规范科学,实验结论准确可靠。

 知 识 准 备

原料新型是新型纱线产品的一个重要分支。通过新型纤维原料的应用,弥补传统纺织纤维原料的缺陷,结合新型纺纱方法和新型纺纱工艺技术,可以降低生产成本,提升产品性能或功能性,降低环境污染,拓展新用途等,给新型纱线产品开发带来形形色色的创新变化。

一、新型纤维原料的分类

新型纤维原料的种类繁多,根据生产加工方法不同,可分为新型天然纤维、新型纤维素纤维和新型化学纤维;根据纤维色彩不同,可分为本色纤维和有色纤维;根据纤维功能差异,可分为常规纤维、差别化纤维和功能性纤维;等等。

在纱线生产中,由于纤维纺纱性能是工艺设计的重要考量内容,常用生产加工方法对新型纤维原料进行区分。同一类别的新型纤维在回潮率、吸放湿速率、摩擦性能、比电阻等方面有一致性。例如,以黏胶基添加芦荟、薄荷、甲壳素精华生产的新型纤维与黏胶纤维的纺纱性能相似;以化学纤维如涤纶、锦纶等为载体,添加纳米级竹炭、珍珠、芳香微胶囊等生产的新型纤维,其纺纱性能与其载体较相似;以湿法纺丝法制备的黏胶纤维、天丝、莫代尔、竹浆纤维、铜氨纤维等再生纤维素纤维,它们的纺纱性能具有一致性。

二、常见新型纤维原料的鉴别方法

新型纤维原料品类众多,产品性能差异较大,缺少统一的国家标准,对未知新型纤维进行具体品种的鉴别具有一定的技术难度。常见的新型纤维原料大多基于传统纤维的生产方式,并结合多种功能性纳米级原料而形成,或利用物理、化学等手段对传统纤维原料进行改性或改良而形成。实际工作中,很难通过单种鉴别方法来判定新型纤维的具体种类,结合多种鉴别方法也很难给出精确的答案。

一般参考普通纺织纤维的鉴别方法,对新型纤维进行大类区分,主要分为物理鉴别法和化学鉴别法。

(一) 物理鉴别法

物理鉴别法是利用纺织纤维的形态特征、物理性能鉴别纤维的一种方法。

1. 感官鉴别法

感官鉴别法是物理鉴别法中最简单的一种,它是通过人的感觉器官,如手摸、眼看、鼻闻等,对纺织纤维进行直观的判定。感官鉴别法对鉴别者的工作经验和水平有较高的要求,一般只适用于鉴别纤维品种的大类。

2. 显微镜法

显微镜法是利用显微镜观察纤维的纵向和横截面形态从而鉴别纤维的一种方法。这种方法很直观,但要求鉴别者熟悉各类纤维的纵向和横截面形态特征。由于新型纤维原料多采用化学方法加工而成,部分新型纤维的横截面和纵向形态可以自由选择,显微镜法得到的纤维大类仅具有一定的参考意义。几种纤维的横截面、纵向形态见表 1-4 和图 1-31。

表1-4　几种纤维的横截面、纵向形态

	纤维名称	横截面形态	纵向形态
1	甲壳素纤维	近似圆形或多边形	表面平直,有小孔洞
2	壳聚糖纤维	长条的不规则锯齿形	扁平带状,有不规则裂缝,有卷曲
3	竹原纤维	不规则扁圆形,有中腔、辐射状裂纹	有横节,粗细分布不匀,表面有较多微细沟槽和少许裂纹
4	竹浆纤维	边缘呈锯齿形,有中腔	光滑均匀,表面有浅沟槽
5	莱赛尔纤维	圆形或椭圆形	光滑
6	聚乳酸纤维	近似圆形,表面有斑点	有随机分布的黑点及间断条纹
7	大豆蛋白纤维	腰圆形或哑铃形	扁平带状,部分有沟槽和黑点
8	腈纶基牛奶蛋白纤维	近圆形	纵向有浅沟槽
9	维纶基牛奶蛋白纤维	近圆形,皮芯结构	纵向有沟槽
10	苎麻纤维	扁圆形或椭圆形	有明显秅柠
11	普通黏胶纤维	锯齿形	纵向有沟槽
12	莫代尔纤维	哑铃形	纵向有沟槽
13	腈纶	哑铃形或圆形	纵向有沟槽
14	锦纶	圆形或近似圆形	表面光滑,有小黑点
15	维纶	腰圆形或哑铃形	扁平带状,有沟槽

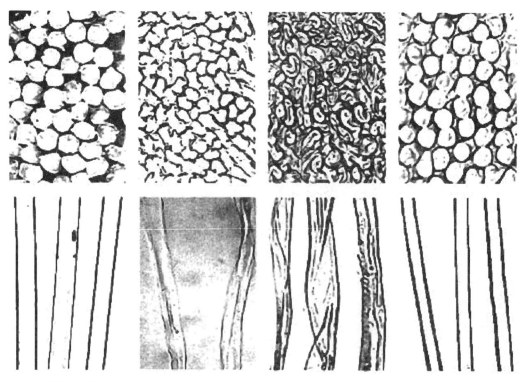

a. 甲壳素纤维　　　　b. 壳聚糖纤维　　　　c. 棉纤维　　　　d. 莱赛尔纤维

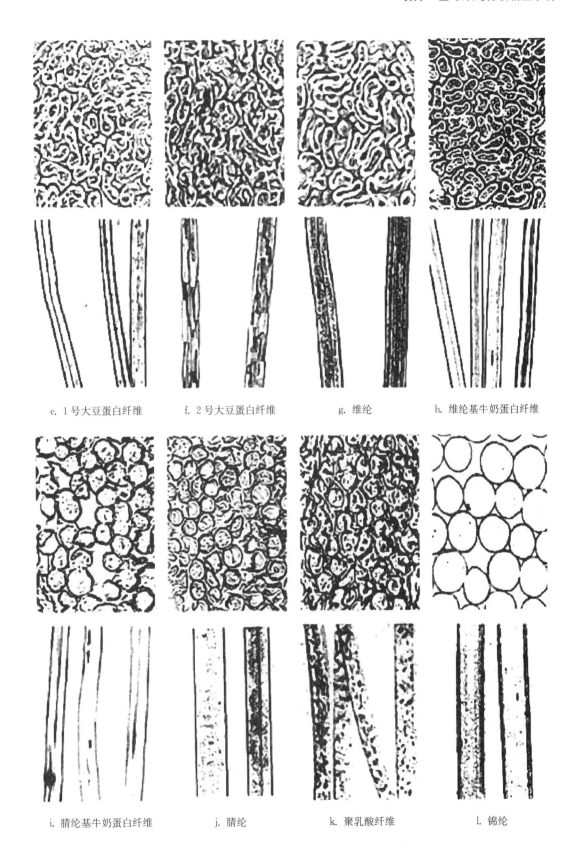

e. 1号大豆蛋白纤维　　　f. 2号大豆蛋白纤维　　　g. 维纶　　　h. 维纶基牛奶蛋白纤维

i. 腈纶基牛奶蛋白纤维　　　j. 腈纶　　　k. 聚乳酸纤维　　　l. 锦纶

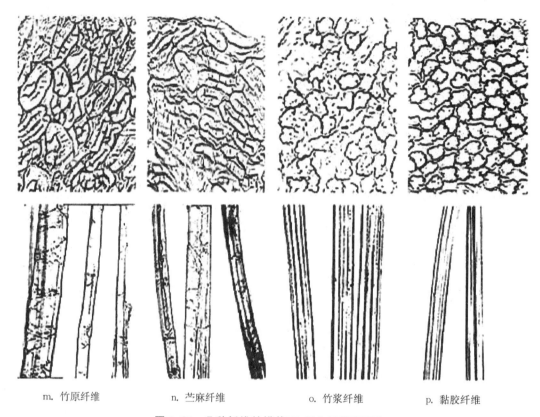

m. 竹原纤维　　　　　n. 苎麻纤维　　　　　o. 竹浆纤维　　　　　p. 黏胶纤维

图 1-31　几种纤维的横截面、纵向显微镜照片

3. 熔点法

熔点法主要用于鉴别合成纤维，它根据合成纤维的熔解特性，在熔点仪或附有测温装置的显微镜下观察纤维熔融时的温度即测定纤维的熔点，从而区别纤维品种。几种纤维的熔点见表 1-5。

表 1-5　几种纤维的熔点

纤维名称	熔点范围(℃)
大豆蛋白纤维	255～266
维纶基牛奶蛋白纤维	253～264
维纶	224～239
聚乳酸纤维	167～179
涤纶	255～260
锦纶	220～228
腈纶基牛奶蛋白纤维	无熔点,纤维从白色变成红褐色最后变成黑色
腈纶	不明显

4. 红外吸收光谱法

组成纤维的各种化学基团都有特定的红外吸收谱带位置,红外吸收光谱法就是利用纤维具有"指纹特点"的原理,将测得的未知纤维的红外光谱图与已知纤维的红外光谱图进行比较,根据其主要基团吸收谱带的图形,准确地确定纤维的类别。

(二)化学鉴别法

化学鉴别法是利用纺织纤维的化学性能鉴别纤维的一种方法。

1. 燃烧法

燃烧法是一种简便地鉴别纤维的方法。鉴别时,观察一束纤维靠近火焰、进入火焰、离开火焰时的状态,并依据燃烧时发出的气味和是否冒烟及其燃烧后生成的灰烬的颜色和性状鉴别纤维。几种纤维的燃烧特性见表1-6。

表1-6　几种纤维的燃烧特性

纤维名称	燃烧状态			燃烧气味	残留物特征
	近火	触火	离火		
甲壳素纤维	不熔不缩	迅速燃烧	火焰熄灭,不延烧	淡毛发烧焦味	松散黑色灰烬
壳聚糖纤维	不熔不缩	迅速燃烧,燃烧时纤维发红	火焰熄灭,不延烧	烧纸味	细柔黑色至灰白色灰烬
聚乳酸纤维	熔融收缩	熔融燃烧,发出蓝色火苗	继续燃烧	淡香甜味	黑灰色硬块
大豆蛋白纤维	熔融收缩	熔融燃烧	继续燃烧	毛发烧焦味	松脆黑色焦炭状颗粒
腈纶基牛奶蛋白纤维	熔融收缩	继续收缩,熔融燃烧	继续燃烧	毛发烧焦味	松脆黑色颗粒
维纶基牛奶蛋白纤维	熔融收缩	迅速燃烧	继续燃烧	毛发烧焦味	松脆灰黑颗粒
竹原纤维	不熔不缩	迅速燃烧	继续燃烧	烧纸味	少量灰白色细软灰烬
竹浆纤维	不熔不缩	迅速燃烧	继续燃烧	烧纸味	少量细软黑灰色灰烬
莱赛尔纤维	不熔不缩	迅速燃烧	继续燃烧	烧纸味	细软灰黑絮状灰烬

2. 热分析法

热分析是指在温度程序控制下,全过程连续测试样品的某种物理性质随温度变化的一种技术,一般有差热分析(DTA)、示差扫描量热分析(DSC)、热重分析(TGA)、微分热重分析(DTG)等方法。

3. 溶解法

不同的纤维在不同的溶剂中或不同浓度的同种溶剂中,溶解程度不同。溶解法利用不同溶剂对纤维的溶解特性鉴别纤维。鉴别纤维时,将试样浸入盛有溶剂的试管内,在规定温度条件下观察溶解情况。通常,一种溶剂能溶解多种纤维。因此,采用溶解法鉴别纤维时,要连续使用不同溶剂进行溶解试验,才能最终确定所鉴别的纤维种类。

4. 试剂着色法

试剂着色法是将纤维放入各种试剂中着色,然后根据颜色差别鉴别纤维。此法仅适用于本色纤维及其制品。有色纤维及其制品需进行脱色处理,然后才能进行显色鉴别。几种纤维在碘-碘化钾试剂中染色后的颜色差异见表1-7。

表1-7　几种纤维在碘-碘化钾试剂中染色后的颜色差异

纤维名称	着色反应	
	湿态显色	干态显色
大豆蛋白纤维	冷蓝色	近于白色的浅灰
维纶基牛奶蛋白纤维	墨绿色	乌贼棕色
维纶	天青蓝	冷蓝色
聚乳酸纤维	不着色	不着色
涤纶	不着色	不着色
锦纶	墨绿色	褐绿色
腈纶基牛奶蛋白纤维	桃花心木黑色	金黄色
腈纶	黑红色	红褐色
竹原纤维	不着色	不着色
苎麻纤维	草纸色	信号白
竹浆纤维	蓝黑色	钢蓝色
黏胶纤维	钢蓝色	钻蓝色
甲壳素纤维	墨黑色	黑褐色
壳聚糖纤维	黑褐色	墨黑色
莱赛尔纤维	蓝黑色	墨绿色

5. 含氯、含氮呈色反应法

含氯、含氮呈色反应法是利用含有氯、氮元素的纤维,以火焰、酸碱法检测时会呈现特定的呈色反应鉴别纤维。几种纤维的含氯、含氮呈色反应结果见表1-8。

表1-8　几种纤维的含氯、含氮呈色反应结果

纤维名称	含氯(Cl)	含氮(N)
大豆蛋白纤维	无	有
维纶基牛奶蛋白纤维	无	有
维纶	无	无
聚乳酸纤维	无	无

（续表）

纤维名称	含氯（Cl）	含氮（N）
涤纶	无	无
锦纶	无	有
腈纶基牛奶蛋白纤维	无	有
腈纶	无	有
竹原纤维	无	无
苎麻纤维	无	无
竹浆纤维	无	无
黏胶纤维	无	无
甲壳素纤维	无	有
壳聚糖纤维	无	有
莱赛尔纤维	无	无

三、原料新型纱线混纺比的确定

纱线混纺比的分析是在已知纱线混纺纤维原料具体种类的情况下实施的,分析人员要对混纺纤维原料的性能了如指掌,才能得到科学合理的分析结果。常用的混纺比确定方法有人工识别法、图像分析法、物理分析法和化学分析法四种。

（一）人工识别法

根据需要,结合药品着色法及不同纤维对染料上染率的不同,在显微镜下对纱线单位截面内的不同纤维根数分别计数,用以计算混纺纱的混纺比。

（二）图像分析法

数字图像处理技术是计算机科学的一门重要分支,"利用图像处理技术对纺织材料及纺织品的结构测试"已引起人们极大的关注。用计算机对混纺纱线图像进行处理并提取特征参数进行纤维分类,从而测算出混纺比,这是一种快速测量混纺比的新方法。

（三）物理分析法

物理分析法是根据混纺产品中不同纤维的密度差异进行分析的方法。

（四）化学分析法

化学分析法仅适用于化学成分不同的混纺产品。化学分析法利用化学试剂对不同纤维的溶解和不溶特性,对混纺产品中的纤维实施化学分离,得到不溶纤维的净含量,获得混纺纱中混纺成分的含量。

四、原料新型纱线的应用

随着社会进步和文明程度的提高,人们对纺织产品的穿着和使用体验有了更高的追求,原料新型纱线得到了前所未有的发展,其制品的应用十分广泛。常见的新型纤维,如竹浆纤维、大豆蛋白纤维、丽赛纤维、芦荟纤维等,可与棉、羊毛、羊绒、蚕丝等天然纤维混纺,制成双组分或多组分纱线,广泛用于中高端服装、家纺、装饰等领域。某些具有特殊功能的原料新型纱线用于特定的领域,如夜光纤维纱,可用于夜光艺术绣品、警示服、舞台服装、航海服装等领域;如具有高强特点的芳纶纤维纱,可用于军需服装;如阻燃纱线,可用于公众场所装饰用纺织品(窗帘、地毯、墙布等)。

给各小组分发混纺纱样纡子1个,要求通过实验获取混纺纤维的种类及混纺比。各小组成员通过讨论制定分析方案,要求团队协助,任务分工合理,实验操作规范科学,实验结论准确可靠。

一、原料种类的确定

1. 原料分析方案的制定

(1)通过观察分析纱线在结构和色彩上的特异性,判定纱线类别,如股线、赛络纱、色纺纱、包芯纱、段彩纱等。经观察分析,知纱线中的纤维未经染色,且无特殊结构,为本色普通环锭纺纱线。

(2)通过解捻分解纱线,形成散纤维状态,经手感目测,初步判断原料类别。将纱线分解后得到的纤维光泽柔和、手感柔软,认为其为仿棉类原料。

(3)制定原料分析方案。

通过显微镜观察区分纤维数量和大类,再利用溶解法与药品着色法确定纤维具体种类。

2. 显微镜观察纤维种数,并区分纤维大类

参考任务一中纤维横截面切片及纵向形态样品的制作方法,采用显微镜观察并分析,得出该混纺纱线由两种原料构成,其横截面及纵向形态见表1-9。认定纤维1为某种经湿法纺丝获得的再生纤维素纤维,但再生纤维素纤维的品种较多,可结合药品着色法确定可能的纤维品种;纤维2为某种经熔融纺丝制得的化学纤维,其具体品种难以确定,需要结合多种其他鉴别方法进一步分析。

表1-9 混纺纱横截面及纵向形态

纤维类别	横截面	纵向
纤维1	边缘呈锯齿形,有中腔	形态光滑均匀,表面有浅沟槽
纤维2	近似圆形,纤维细度均匀	光滑顺直,无沟槽

3. 利用溶解法与药品着色法确定具体种类

(1)溶解法确定纤维品种大类。常见的熔融纺丝纤维有涤纶、锦纶、丙纶等种类。首先采用常见纺织纤维溶剂,对定重的纱线原料进行处理,称取处理前后纱线质量,判断有无溶解。选用溶剂及溶解结果见表1-10,对照文献资料可以得到,混纺纱和黏胶纤维/涤纶混纺纱的化学主体成分具有较高的相似度。确定纤维1为某再生纤维素纤维,纤维2为化学主体成分为聚对苯二甲酸乙二醇酯的化学纤维。

表 1-10 化学溶解实验结果

项目	盐酸	硫酸	氢氧化钠	甲酸	冰醋酸	间甲酚	二甲基甲酰胺	二甲苯
溶解条件	37%,24 ℃	75%,24 ℃	5%,沸	85%,24 ℃	24 ℃	93 ℃	24 ℃	24 ℃
处理结果	SS	SS	I	I	I	SS	I	I

注:I——不溶解,SS——部分溶解

(2) 药品着色法确定可能的纤维品种。将一定量的纱线分解为单纤维状态,选用碘-碘化钾试剂对干、湿态下的纤维进行染色实验,结果见表 1-11,可以看出,部分纤维不着色,部分纤维干态下着蓝黑色、湿态下着钢蓝色。对照相关文献资料,结合显微镜及溶解法实验结果,认为该混纺纱线由涤纶与竹浆纤维混纺而成。

表 1-11 纤维在碘-碘化钾试剂中染色后的颜色

纤维名称	着色反应	
	湿态显色	干态显色
纤维 1	蓝黑色	钢蓝色
纤维 2	不着色	不着色

二、混纺比的确定

1. 分析方案的制定

通过上面的实验,基本确定了该混纺纱线由涤纶与竹浆纤维混纺而成,再通过化学溶剂试验溶解其中的某种纤维,而保留剩余纤维,便可计算出混纺比。

2. 操作并记录

取试剂即间甲酚 28.33 g,称取干重为 5 g 的混纺纱线,配置成质量分数为 15% 的溶液,通过磁力搅拌机加热至 93 ℃,持续 2 h,至涤纶完全溶解,然后用 30 ℃蒸馏水过滤、冲洗剩余纤维原料,烘干称重得 2.82 g,测得混纺纱线的实际回潮率。

3. 混纺比的确定

由于被溶解部分为涤纶,剩余的 2.82 g 为竹浆纤维干重,实验纱样总干重为 5 g,因此竹浆纤维/涤纶混纺纱线的混纺比为 56.4:43.6。

 课外拓展

(1) 查阅相关专业平台网站的纱线产品供求信息,获取在售多组分混纺纱 2~3 种,并说明这些纱线可能的设计思路。

(2) 已知某混纺纱线原料为长绒棉和芦荟纤维,试制定其混纺比分析方案。

(3) 已知某混纺纱线原料为棉、羊绒和蚕丝,试制定其混纺比分析方案。

任务三 分析竹节纱线

任务导入

客户来样为 30 cm×30 cm 纯棉竹节纱布样,要求仿制风格一致的竹节纱。试分析该竹节纱的基纱号数、竹节粗度、节长和节距等特征参数。

知识准备

竹节纱是长度方向存在粗节或细节的一类单纱,其上的粗节或细节简称为竹节,竹节的分布可有规律也可无规律。因此,竹节纱按竹节的分布情况可分为无规律竹节纱和有规律竹节纱。竹节纱的特征参数有基纱号数、竹节粗度、节长和节距。如图 1-32 所示,竹节粗度即竹节直径 d_i 与基纱直径 d 之比,一般在 1.5～6;节长 l_2 即每个竹节段的长度;节距 l_1 即相邻两个竹节段间的基纱长度。竹节纱可使织物具有独特的立体花式效应,广泛用于色织、毛织的服装面料及装饰类织物,如窗帘、沙发罩、床罩及汽车内装饰织物等。竹节纱产品风格别致、立体感强,穿着时又可减少贴肤面积,因此常用于生产夏季轻薄服装面料,也可用于厚重的冬季织物。利用竹节参数与原料的变化创新,可开发出雨点或雨丝风格、麻织物风格的高档面料。

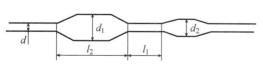

图 1-32 竹节纱特征参数示意图

一、竹节纱的分类及纺纱原理

竹节纱是花式纱线中种类变化最多的一种,常见的有粗细节竹节纱、疙瘩状竹节纱、短纤竹节纱、长丝竹节纱、环锭纺竹节纱、气流纺竹节纱等。竹节纱根据纺纱方法不同又可分为四种:变牵伸型竹节纱、植入型竹节纱、牵伸波型竹节纱和涂色型竹节纱。

(一) 变牵伸型竹节纱

纺纱原理是瞬时改变细纱机中后罗拉转速,以瞬时改变须条的牵伸倍数而形成竹节。这是竹节纱生产中常见的一种生产方法。常采用改造后的环锭细纱机纺制。转杯纺纱机经过改造也可生产竹节纱。

(二) 植入型竹节纱

纺纱原理是在前钳口后面瞬时喂入一小段须条而形成竹节。纺纱过程是先将可纺短纤维纺制成符合一定工艺要求的粗细均匀的须条,再将须条喂入牵伸装置,改变牵伸装置的机械牵伸倍数或实际牵伸倍数,从牵伸装置输出的须条上即形成粗节。采用的主要原料有棉、麻、涤纶、黏胶纤维等,可纯纺也可混纺。

（三）牵伸波型竹节纱

利用短纤维的浮游运动性产生条干不匀的原理,如在一根或数根长丝中加入适量可纺短纤维,即在喂入纱条中增加短纤维的含量,并在细纱机上调整工艺参数,如去掉上销及上下皮圈,保留下销,利用短纤维制造牵伸波,使缠绕在长丝上的短纤维形成竹节。这种生产方法中,一般短纤维混入率在5%～10%,短纤维混入率高则竹节数量多,在麻纺或麻棉混纺中尤其显著。短纤维有棉、麻、黏胶纤维等,长丝有涤纶、黏胶纤维、腈纶等。由于这种方法纺制的竹节容易在基纱上滑移,后来改成将纺成的竹节纱再与长丝或短纤纱并捻,将竹节捻住;也可采用包线机包覆,将竹节包住。但是,这些改进因工序多且操作复杂而难以推广。

（四）涂色型竹节纱

利用人的视觉效应,分段对普通纱线印色,生产类似竹节效应的竹节纱。

二、竹节纱的主要工艺

（一）竹节纱号数与竹节粗度

对于来样中的竹节纱,测量竹节纱号数即根据基纱号数、竹节粗度、节长、节距,换算成竹节纱的百米定量。由于竹节部分与基纱部分有粗细过渡态,特别是转杯纺竹节纱,过渡态较长,因此计算质量和实际质量间会有一定的差异。竹节粗度是较难掌握的参数,可采用切断称重法测定。具体方法是取相同长度的竹节部分和基纱部分分别称重,两者质量之比即粗度。生产中,竹节部分的号数或竹节粗度要依据产品风格及组织结构确定。竹节纱号数常用平均纱支表示,便于用纱量和克重的核定。

（二）节长与节距

节长与节距对产品风格的影响很大。节长和节距根据织物要求而定,除非对织物提出特殊要求。一般应生产节长和节距不一的竹节纱,这样才能使竹节在织物上分布自然、均匀,达到美观的装饰效果。需要注意的是,节长的设计与使用的纤维长度有关,最短的节长要大于纤维的平均长度,否则竹节不明显。另外,流线型竹节比较适合织物的美观要求,选择不等长的化纤比等长化纤的效果好。

（三）捻度

捻度是纱线最重要的参数之一,竹节纱的基纱和竹节部分的捻度分布直接影响纺纱和织造的正常进行。由于捻度有自调分布均匀作用,只有同样粗细的线纱才分布有同样数量的捻度。因此,对于竹节纱而言,竹节部分的捻度明显比基纱部分低。实践表明,竹节部分的有效捻度仅为设计捻度的15%左右,捻度的差异随着竹节纱号数小于基纱号数的倍数及竹节的流线型外观不同而变化。由于竹节部分的捻度大量向基纱部分转移,削弱了竹节纱的单纱强力。纺制竹节纱时,为了防止断头率太高,选用的捻系数比纺制相同线密度的普通纱高20%左右,但由于竹节纱中竹节部分弱捻,纺纱和织造也会变得困难。影响竹节纱成纱捻度的因素有许多,如竹节粗度、节长、节距、纤维性能、纺纱工艺及设备状态等。

（四）质量要求

竹节纱和普通纱线一样,必须能够顺利通过加工过程中的各种工序,单纱强力能满足后道加工的要求,避免出现竹节前后的强力不匀;粗节处必须光滑,且粗度尽量一致,竹节牢固,经得住加工过程中的摩擦,并且经染色与整理后磨损与起毛少,整个布面风格一致,避免呈现明显规律效应或竹节在布边处集中出现。

对于有规律竹节,其竹节粗度、节长和节距为定量,而对于无规律竹节,其特征参数有上下限的值域空间。生产中,考虑到成品布面效果,多采用无规律竹节的生产工艺。由于竹节部分瞬时增加了机械牵伸力,生产中易因牵伸力急剧增加,纱线须条粗度不稳定,导致出硬头、断头增加、钢丝圈卡楔、成纱捻度不匀、毛羽增多等问题,对纱线生产工艺提出了很高的要求。实际生产表明,棉和黏胶纤维等更加适宜生产竹节纱。

三、竹节纱的分析检测

竹节纱一般根据客户来样设计生产,来样多为筒纱样或布样,必须通过检测分析,确定仿制生产的竹节规格参数。

(一) 基纱号数

竹节纱的基纱号数是指伺服电动机没有超喂时的单纱号数,其对订单来样纱线的工艺设计与计算有重要参考作用。在实际生产中,基纱号数较难测定,通常采用切段称重法,即拆取面料上的连续竹节纱线,将基纱部分切段称重,根据称重纱线的总长度换算成基纱号数。因为竹节纱段有较难分界的过渡纱段,采用切段称重法确定基纱号数,对测试人员的经验有较高的要求。

(二) 其他参数

竹节由一系列粗节与细节组成,其外观形态直接影响布面风格。竹节纱的其他参数包括竹节粗度、节长、节距及竹节分布规律。其测定方法主要有目测法、绕黑板法和仪器检测法。

目测法较直观,对布面较粗的竹节分布容易辨别,利用直尺即可得到竹节的分布规律。绕黑板法是将拆布后得到的连续竹节纱均匀地绕在 250 mm × 220 mm 的黑板上,通过放大镜等工具,对竹节倍数进行测量。实际操作中,两种方法各有所长,结合使用能对竹节形态做出较准确的判断。

利用电容式条干仪进行测试是较先进的方法。首先将布样拆成 10 m 以上的连续纱线并均匀绕在纱管上备用,清洁电容极板。启动机器后,根据竹节纱的平均线密度和试样长度选择测试参数。为了能从曲线图更好地观察竹节,测试线密度的设定应比竹节纱的平均线密度高 30%～40%。采用电容式条干仪,能对竹节纱的规律做出更准确的判断。将测得的曲线图按织物幅宽排列,对布幅内的竹节分布进行对比观察,可以有效地防止纬向规律性疵点。注意,仪器检测法只适用于可拆取 10 m 以上连续纱线的来样。

结合相关软件,在计算机上可以对布面进行模拟,更方便地观察布面风格。

例如 13 tex(平均细度)×35 m 的竹节棉纱的测试参数:测试细度 16.9 tex,量程设置50%,刻度 0.312 5 m/div,速度 25 m/min,测试时间 60 s,测试槽为 5 槽,参见图 1-33(2.5 m 片段)。

从图 1-33 可以看出,竹节倍数在 1.8～2.5,竹节长度为 6～8 cm,间距 11～45 cm,无明显规律。

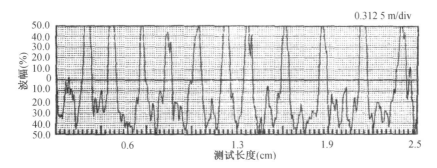

图 1-33 竹节纱测试分析曲线图

四、竹节纱的典型应用

竹节纱产品具有粗犷的手感、独特的花式效应和模拟自然不匀等特点,其面料表面有明显的凹凸立体感,层次丰富,颗粒饱满,风格独特。此外,由于凸起即竹节部分的存在,减少了织物的贴肤面积,且贴肤部分多为竹节部分,捻度较低,手感柔软,大大提高了织物的透气性。因此,竹节纱大量用于装饰用和服装用纺织品。

(一) 竹节牛仔布

竹节牛仔布是一种较粗厚的色织经面斜纹布,经纱颜色深,纬纱颜色浅,如图 1-34 所示。

面料设计时,在经向、纬向或经纬双向,用不同线密度、不同竹节倍率、不同竹节长度和节距的竹节纱,与同线密度或不同线密度的普通纱进行适当配比和排列,可生产出多种多样的竹节牛仔布。

此外,将竹节纱与弹力丝结合生产的弹力竹节牛仔布大大改善了原有竹节牛仔布的保形性与抗皱性,更适应人体形态,凸显人体曲线,服用舒适;利用高支竹节纱并结合提花工艺设计,可以生产出高附加值的轻薄型牛仔布。

图 1-34 竹节牛仔布

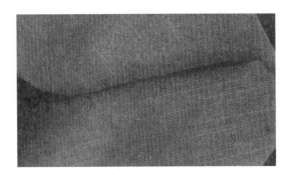

图 1-35 仿麻竹节纱织物

(二) 仿麻竹节纱织物

麻纤维制品布面平整,带有自然的小疙瘩,手感粗硬。可以利用棉竹节纱对麻织物外观进行仿制,在获得相似视觉效果的同时,保留棉制品比较柔软的触觉效果。如图 1-35 所示,这类织物一般由高捻度的棉竹节纱织成,其主要特点是具有良好的透气性、亲肤效应和独特的花式效果,同时具有麻织物粗犷的手感和挺括的风格,可在形成独特的竹节花式效果的同时具有保暖、轻柔和厚重的手感,适宜作为休闲服面料。以化纤丝为原料,经过特殊的复合假捻变形加工,纺制具有仿麻风格和自然状竹节外观的仿麻复合竹节纱,其织物也具备很好的仿麻风格和麻织物外观。也可采用棉氨包芯竹节纱进行仿麻面料的开发,所得面料具有雨点状的独特纹路,手感柔软且富有弹性,彰显粗犷豪放、贴近自然、流行时尚的风格,是理想的衬衫面料。

(三)松竹呢

松竹呢是利用不同混纺比的混色、非混色、中长涤黏纤维进行混纺,采用不同线密度、不同捻度及不同节距、节长的竹节纱进行交捻,产生弓形竹节纱的效果,并采用不同的织物组织进行织造而制成的具有透孔风格的新型麻感面料,具有良好的耐磨、免烫抗起球等特性,是理想的春夏季女式时装面料。

在松竹呢的生产过程中,可以采用多种有色涤纶短纤进行混纺,股线用含有两种染色性能不同的纤维纺成的单纱交捻或线密度、配比不同的单纱交捻,染色后织物表面可产生混色效果;经纬纱线均需要采用较大的捻度,以保证不同线密度的纱线交捻时呈现弓形纱的特殊效果;此外,在织造过程中,可以选择透孔组织,增加组织透气性的同时使织物具有立体的纹理效果,可以真正凸显织物薄、透、爽的特点。

(四)装饰用竹节纱产品

竹节纱因其特殊的外观特点,在装饰产业也有十分广阔的应用,普遍应用于窗帘、家具用装饰材料等的设计开发中。竹节纱用于装饰类纺织品,往往要求有较密集而细长的竹节,如图1-36所示的竹节纱窗帘,从室内透光部分看去,具有水波纹的飘逸感。装饰用竹节纱织物可采用麦粒组织或者变化方平组织。选用麦粒组织结合竹节纱生产的窗帘,花型新颖,轻薄透明,滑爽飘逸,悬垂性好,花纹轮廓清晰,具有良好的装饰性,给人以柔和、典雅、舒适、宁静的视觉感受;使用变化方平组织制得的竹节纱窗帘,视觉较厚重,结构简练,风格粗犷,高雅华贵,可用于高档家居。

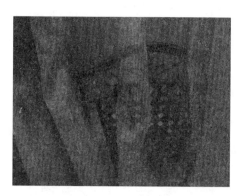

图1-36 竹节纱窗帘

客户来样为30 cm×30 cm纯棉竹节纱布样,客户要求仿制风格一致的竹节纱。现需分析该竹节纱的基纱号数、竹节粗度、节长、节距等参数,以备工艺设计与实施。

一、初步分析

客户来样为30 cm×30 cm的织物小样,无法拆解成连续纱线,一般不能通过仪器检测法直接测定竹节参数。此时,应首先从织物小样中拆解数根纱线,仔细观察竹节变化规律,包括竹节节长、节距和粗度，它们是定量还是变量，以便选取合适的方法具体测量。

经观察，客户来样中竹节纱的竹节呈随机分布状态，节长、节距和粗度均非定量，需测量多组竹节，以确定其参数变化范围。

二、竹节纱的竹节参数测定

采用切段称重法获取基纱号数及竹节粗度信息。拆解客户来样，分离竹节纱若干根，用放大镜仔细观察纱体，确定连续的基纱区间，用夹持器固定纱线一端，拉直另一端，用细号签字笔对 10 cm 长基纱做标记，松开夹持器，用纱剪将标记的 10 cm 长基纱剪下。如此重复 10 次，取得 10 cm 长基纱 10 组，经烘箱烘干后，逐一在分析天平上称重并记录。得到 10 cm 长基纱的平均干重为 1.71 mg，换算成干定量为 1.71 g/(100 m)，确定基纱号数为 18.55 tex：

$$基纱号数＝干定量×(1＋公定回潮率)×10$$
$$＝1.71×(1＋8.5\%)×10$$
$$＝18.55（tex）$$

竹节粗度受到纱线生产方法及纱线捻度的影响，直接测量其直径之比，其实并不准确。生产中，多采用切段称重法计算竹节粗度。拆解客户来样，分离竹节纱若干根，用放大镜仔细观察纱体，在纱体开始变粗的部分做标记，到竹节由粗变成正常纱体部位再次做标记，用夹持器固定纱线一端，拉直另一端，量取两个标记间的纱体长度（即节长）并记录。如此反复 10 次，取得 10 组竹节，纱剪剪下，经烘箱烘干后，逐一测量竹节干重，与同等长度基纱质量相除，计算出竹节粗度。

节距的测量与此方法相同，观察相邻两个竹节的末端进行标记测量，测量中应注意区分基纱与竹节过渡区的差异。

经测量计算，得到客户来样中竹节纱的竹节特征值，见表 1-12。

表 1-12　竹节纱的竹节特征值测量结果

节长（cm）	节距（cm）	粗度
5～8	10～40	2.0～3.5

因测量者的经验差异，切段称重法往往存在一些偏差。当客户来样有限，无法拆解足够用于测量的纱线时，这个偏差将扩大。生产中，应对照客户来样及时对基纱号数进行调整和修正，以保证布面风格的一致性。

 课 外 拓 展

（1）客户来样为黏/棉(50/50)混纺竹节纱筒纱，试制定合理的方案分析该竹节纱的基纱号数、节长、节距和竹节粗度。

（2）在自己的旧衣物中找一块竹节纱面料，制定合理的方案，分析并测量其基纱号数、节长、节距和竹节粗度。

任务四　分析赛络纺纱线

现接到客户一种赛络纺纱线来样,该纱线经后期染整加工后呈现特殊的 AB 间色效果。试分析此赛络纺纱线的核心工艺技术,确保纺纱工艺设计与实施能顺利开展。

赛络纺基于传统环锭纺的改造技术,在输入端平行喂入两根粗纱,经牵伸后并合加捻成纱。赛络纺纱的成纱结构特殊,表面呈单纱形态,截面呈圆形,表面纤维排列整齐顺直,相比于传统环锭纺纱,前者的毛羽显著减少,耐磨性能好,条干均匀,强力高,具有股线的特点,而且较股线不易分成单纱。用赛络纱织成的织物表面清晰,硬挺度高,有骨感但不失柔软性,布面毛羽少,耐用性好,受到用户的青睐。相同线密度的赛络纱与环锭纱的性能对比见表 1-13。

表 1-13　赛络纱与环锭纱质量对比(纯棉)

项　　目	赛络纱	环锭纱	环锭纺股线
纱线细度(tex)	9.8×2	19.6×1	9.8×2
捻度[捻/(10 cm)]	76.4	76.9	76.1
毛羽指数(根/m)	6.52	27.6	6.1
条干不匀率(%)	10.38	11.39	9.57
细节(个/km)	15.8	19.0	14.9
粗节(个/km)	82.0	88.4	23
棉结(个/km)	143.4	145.2	61
单纱强力(cN)	236.18	217.76	248.8
单强不匀率(%)	7.77	7.26	6.42
伸长率(%)	5.79	5.36	5.32
伸长率不匀(%)	9.9	7.54	6.61

一、赛络纺生产原理

赛络纺是将两根保持一定间距的粗纱平行喂入细纱机,经牵伸后由前罗拉输出两根须条,再汇合成一根单纱同向加捻,形成一个加捻三角区,合并加捻后卷绕到纱管上,锭子和钢丝圈同向回转,给纱线加上一定的捻度,捻度自下而上传递至前罗拉握持处,在汇集点上的两根单纱形成两个捻向相同、作用力相向的一对加捻三角区,形成三个加捻三角区相互作用,连续输出纱线,如图1-37所示。由于单纱加捻区较短,单纱中纤维螺旋角较小,捻幅也较小,单纱强力较小,纤维两头外伸也较少;两根单纱同向加捻后,捻幅在原有单纱捻度的基础上迅速增加,抱合力提高,毛羽减少,强力明显增加。

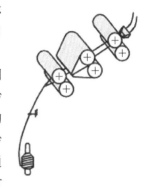

图1-37 赛络纺原理示意图

赛络纱有类似于股线的结构和风格,在使用同样的纤维原料、相同比例和捻度的情况下,其成纱强伸性能优于单纱。但在赛络纺纱中,由于捻回由下往上传递,两根须条在汇集点之上分别得到少量的捻回传递,两根须条的捻回方向与成纱的捻回方向一致,导致成纱捻回不稳定,容易回捻,成纱手感稍硬。股线生产中,股线捻向通常与单纱捻向相反,因而成纱结构更加稳定,纱体蓬松柔软。为方便后道织造加工,可以将赛络纺纱线进行热定型处理,以获得稳定的捻回。

二、赛络纺纱的主要工艺

(一) 粗纱定量的选择

赛络纺纱工艺中,粗纱的喂入定量与成纱质量有密切联系。粗纱定量应根据所纺纱线的线密度确定,同时兼顾牵伸倍数增大造成牵伸附加不匀这一负面影响。生产中,纺 18.2 tex 以下的纱线时,粗纱定量应比传统环锭纺粗纱定量的50%再偏小 0.3～0.5 g/(10 m)掌握,有利于成纱质量的稳定;纺制 18.2 tex 以上的纱线时,应比传统环锭纺粗纱定量的50%再偏小 0.8～1.5 g/(10 m)掌握,便于减少牵伸带来的不匀。

(二) 粗纱捻系数的确定

粗纱捻系数大小与牵伸力大小呈正比。与传统环锭纺相比,在不改变其他工艺的前提下,赛络纺选用的粗纱捻系数增加,牵伸力会明显增加,如不调整则会出现牵伸不开的问题。当纱条呈双纱喂入时,牵伸力发生变化,加压控制力及罗拉隔距也相应改变。在增大后区隔距的情况下,选用粗纱捻系数较正常捻系数偏大掌握,便于细纱捻回重分布的利用。由于粗纱捻系数增加,纤维间残存捻度大,纤维的捻度损失小,有利于纤维排列,纱线对表面纤维的圈结能力会进一步增强,对赛络纺成纱质量有一定的改善作用。

(三) 细纱主要工艺选择

1. 后区隔距及牵伸倍数的选择

细纱后区工艺包括后区牵伸倍数和后区隔距。赛络纺纱以双纱喂入,牵伸力增大,后区工艺必须进行相应的调整。后区工艺的原则是大隔距、小牵伸。

后区牵伸倍数大,捻回重分布大,捻度损失大;后区牵伸倍数小,捻回重分布小,捻度损失小,纤维排列稳定,有利于成纱质量的提高。同时,为了利用捻回重分布,后区隔距宜偏大掌握,一般为 18～35 mm,以利于提高成纱质量。

2. 喂入喇叭口中心距的优选

喂入喇叭口中心距是赛络纺纱的重要工艺之一。喂入粗纱喇叭口间距决定着粗纱间距。粗纱间距指经过牵伸的两根纱条离开罗拉钳口时的距离。粗纱间距大，须条间夹角过大，张力变大，须条三角区缩小，边纤维损失多，毛羽减少。但是在加捻三角区，边纤维损失反而影响成纱质量。粗纱间距小，夹角小，须条短，张力小，毛羽较稳定，成纱质量也较稳定。但粗纱间距不宜过小，过小会影响成纱结构的稳定，毛羽增多。一般粗纱间距在5～8 mm。

3. 捻系数的确定

细纱工序要在减少毛羽的同时，尽可能地减少疵点的产生。针织用纱的捻系数宜偏小掌握。但根据赛络纱的成纱机理，为了减少毛羽，防止纤维在单纱须条中滑移，选取比相同线密度的普通环锭纺纱偏大的捻系数。一般针织纱捻系数设计为340～350，机织纱设计为370～380。

4. 钢领、钢丝圈的选用

赛络纺纱线毛羽少、结构紧密，其超低的毛羽指数导致钢领和钢丝圈动摩擦的润滑不足，钢丝圈在钢领回转面上的阻力增大，钢领和钢丝圈的接触区域产生高温，使钢领、钢丝圈过早磨损。同时，加大纺纱段的张力造成输出钳口的三角区不稳定，导致钢丝圈运行不稳定、纱线张力波动和纱线质量降低。所以，必须配置适用的钢领、钢丝圈，否则会造成大量断头。一般钢领选用 PG1-4254 或 PG1/2-3854；钢丝圈选用 6903 系列，其圈形为矩形并开"天窗"，便于散热。

5. 导纱动程的确定

赛络纺纱由于存在三个加捻三角区，导纱动程带来须条的振动，容易产生三角区的波动，造成单纱断头增多。导纱动程主要为保护胶辊、延长胶辊的使用寿命。棉纺赛络纺纱的导纱动程可以根据须条中心距确定，若胶辊宽度为 30 mm，选用 10 mm 的导纱动程，容易造成边纤维在胶辊边缘散失或造成纱疵。导纱动程应偏小掌握，一般在 4～6 mm。

6. 钳口隔距的确定

钳口隔距决定了须条和纤维运动的牵伸力稳定性。钳口隔距应根据纺纱线密度、胶圈厚度和弹性、上销弹簧的压力、纤维长度及其摩擦性能和前罗拉加压条件参数等确定。在赛络纺纱中，随着喂入须条的增加，牵伸力相应增大，钳口隔距偏小掌握对成纱质量有利，一般以不出"硬头"为原则。纺相同线密度纱线时，相较于传统环锭纺，赛络纺的钳口隔距应减小0.25～0.50 mm。

7. 胶辊及工艺压力的确定

胶辊是纺纱的重要牵伸部件，对成纱质量有直接影响，要求胶辊表面对纤维束有足够的握持能力，且不发生缠绕现象。赛络纺纱线结构紧密，牵伸力大，须条横动动程短，胶辊易产生中凹磨损。为减少胶辊磨损对纱线质量的影响，应用表面不处理胶辊，铁芯与胶管内表面均匀接触。前胶辊 3～4 个月磨砺一次。磨砺时采用慢行程、小磨量，使胶辊处于均匀受力状态。工艺压力同传统纺纱相比偏重掌握，胶辊直径偏大选择，一般前、中、后双锭压力为140 N×120 N×140 N，胶辊直径在 29.0～30.0 mm。

三、赛络纺纱线的新产品开发

(一)赛络纺包芯纱

赛络纺包芯纱由一根芯丝和两根平行粗纱,经牵伸、并合加捻而形成。长丝采用积极喂入方式,通过预牵伸罗拉后,经导丝轮直接喂入前罗拉。两根粗纱经双槽集合器,平行引入细纱机牵伸区,以平行状态单独牵伸后从前罗拉钳口输出,形成保持一定间距的两根纤维束,分别经轻度初次加捻,在自然汇聚点处与喂入的长丝并合加捻成纱并卷取到纱管上,成为赛络纺包芯纱,如图1-38所示。

普通包芯纱中的外包纤维以单纤维的形式呈螺旋线缠绕着芯丝,并伴有内外层的转移。赛络纺包芯纱中的外包纤维分成两束,它们各自弱捻聚集,再合并强捻包覆。每束中的纤维在各自弱捻时有少量内外层转移。在捻合过程中,由于是卷捻,两束纱条的外层纤维仍可能卷入内层,再次产生纤维的转移现象,使纱内纤维的内应力均衡。赛络纺包芯纱中,纤维相对于纱线轴的平行伸直度比普通环锭包芯纱高,所以受拉伸时纤维强力的利用率高,纱的断裂强力和断裂伸长比普通包芯纱高。赛络纺包芯纱由于包覆前两束须条已加弱捻,包覆时即使导丝轮跑偏,两股弱捻单纱间也不会发生完全混合,所以芯丝始终处于两股纱的中心,包覆效果更好。由于利用赛络纺纺制包芯纱时,两根粗纱喂入有一定的间距,在互相包捻过程中,纤维的转移受到比普通环锭纺更大的阻力,两纱条中的许多纤维端被相邻的单纱条捕捉而进入两纱条的结构中,使纱线外表的毛羽大大减少,成纱表面较普通环锭纱更圆整光洁,成纱条干得以改善。

图1-38 赛络纺包芯纱　　　　图1-39 紧密赛络纺

(二)紧密赛络纺

采用两根粗纱须条以一定间距经过双喇叭口,然后同时以平行分离状态进入同一牵伸装置进行牵伸,两根单纱须条从前罗拉输出后受到集聚区负压吸风的作用,集聚后两个纤维束结构紧密,先经初次加捻,加上少量的捻度,接着在汇聚点汇聚后加强捻,形成紧密赛络纱,如图1-39所示。紧密赛络纺主要从两个方面改善纱线的强力及毛羽,一方面是利用气流集聚基本消除了纺纱三角区,另一方面是利用合股加捻提高纱线强力并且减少纱线毛羽,通过加捻过程中单纱须条对长毛羽的包缠作用,可以使长毛羽卷入纱体中,大幅减少长毛羽的数量。

紧密赛络纺结合了紧密纺与赛络纺的优势,所得纱线的强伸性好,耐磨性优良且毛羽数量少。因此,紧密赛络纺纱线适用于织制高档织物,具有广阔的发展空间。

(三)赛络纺 AB 纱

A+B 工艺主要用于生产 A、B 两个组分比例相等的 AB 纱,其基本方法就是对 A、B 两种组分的纤维分别采用相应的工艺流程,制成定量相等的粗纱,然后在细纱赛络纺机台上生产。AB 纱具有纱条光洁、毛羽少、结构紧密、耐磨性好、立体感强等优点,产品染色后有捻线效果,与股线相比,织物更加平滑柔软。

赛络纺 AB 色纺纱的配色不同于普通色纺纱的一般配棉方法,不仅 A、B 色要分别对准,还要考虑 A、B 色的比例,否则会与客户来样的风格大相径庭。赛络纺 AB 色纺纱的批量往往小而多,如采取手工混棉,则棉块撕得越细越好,小组分混合时,至少重复三次才能装袋。如染色纤维含精梳棉网,应特别留意其散布情况,切忌出现成团现象。赛络纺 AB 色纺纱从外观上更加体现出色纺纱的丰满度、层次感,其立体效果更是普通色纺纱难以达到的。

(四)赛络纺段彩纱

赛络纺段彩纱是一种特殊的色纺纱,具有比一般色纺纱更独特的风格,通常选用两种以上原料,在细纱机上由 3 根粗纱经混合牵伸纺制而成,其纺纱原理如图 1-40 所示。

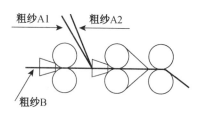

图 1-40 段彩纺纱示意图

粗纱 A1、A2 为两根主体粗纱,从细纱机中罗拉后喇叭口处连续喂入;粗纱 B 为辅助粗纱,从细纱机后罗拉喇叭口处间断喂入(后罗拉为间歇运转)。因粗纱 A1、A2 从中罗拉后连续喂入,故细纱不会断头。粗纱 B 和粗纱 A1、A2 在中、后罗拉间混合,经牵伸形成段彩纱。这种纱线既富有层次变化,又具有立体感,广泛用于服装面料,深受消费者喜爱,经济效益可观。

(五)赛络纺竹节纱

近年来,竹节纱面料以其独特的凹凸立体感风格受到了市场的青睐。普通竹节纱在粗度大于 2 倍时,由于竹节纱号数与基纱号数差异很大,造成单纱断裂强度不高,用户反映织造时断头多,生产效率低,织物不耐用。另外,由于竹节纱质量 CV 值较大,影响织造后的布面效果。根据市场需求,开发出了赛络纺竹节纱系列品种,由于成纱毛羽少、外观光洁,尤其是单纱断裂强度得到了很大提高,织造时断头少,织物耐磨性好,得到了用户的一致认可。

四、赛络纺纱线的应用

使用柔软纤维原料纺成的赛络纺强捻纱,结构较圆紧,织物中经纬纱交织所形成的空隙较大。用其开发的高支轻薄产品具有轻、薄、爽的风格,悬垂性好,热传导率高,是一种很有发展前途的凉爽织物,可用以缝制春夏季男女服装和衬衫。

将两根吸色性能不同的纤维粗纱经牵伸加捻后形成赛络纱,织成织物后经一种纤维单染或两种纤维用不同的颜色双染,可呈现一种丰满活泼的风格,立体感较强。还可以将两种颜色的纤维纺成的粗纱喂入细纱机,生产具有花式效果的赛络 AB 纱。如彩棉/Modal 赛络纱就具有外观类似花样的间隔显色效果,以及类似丝光的光泽和柔软舒适的手感。

借助赛络纺纱时汇聚点的波动,通过计算机控制,可生产左右对称平衡的粗节纱。这种粗节纱不存在传统粗节纱会出现龟纹的缺点,具有抱合力强、毛羽少和柔软的特点。

用赛络纺纱工艺纺制的纱线,比一般双股线细、光洁、结实,可用作缝纫线,其均匀度稍差于一般双股线,但缝纫效果比一般双股线好。

在赛络纺中,喂入细度、原料组分比、原料形态、捻度等方面不同的两根粗纱,可有效发挥两根粗纱不同的特点,同时保留赛络纺纱线的特征,为后道工序提供富于变化的原料。

 任 务 实 施

客户来样赛络纺纱线为本色纱线,经后期染整加工后呈现特殊的 AB 间色效果。赛络纺纱线的前纺工艺与普通纱线差别不大,分析赛络纺纱线时应重点关注纱线色彩与结构特征及原料构成。

一、色彩与结构特征分析

赛络纺纱线相比于传统环锭纺纱线,前者在有害毛羽和纱线强力方面有独特的优势,得到了广泛应用。根据客户或产品设计开发需求,赛络纺纱线演变出了很多品种,其大多在色彩和结构上与传统赛络纺纱线存在显著区别。

赛络纺纱线的色彩特征,主要指赛络纺纱线色彩所呈现的规律。常见的赛络纺色纺纱有纯色色纺纱、AB 色纺纱、段彩纱等。除色纺纱外,赛络纺中两根粗纱采用不同的纤维原料,其染色性能不同,经染整加工后纱线会呈现 AB 间色的色彩效果。对赛络纱进行观察时,一定要准确得到其色彩规律,进而判断出正确的纺纱工艺。

赛络纱的结构特征非常独特,两根有少许捻度的须条被加捻成一根纱线,纱线结构类似股线,赛络纱的区别在于其单股须条的捻度与纱线捻度相同,这一特点直接导致赛络纱线的捻回不稳定而容易回捻的特性。将赛络纺技术与其他新型纺纱技术结合,可以得到很多新型结构的纱线品种,如赛络纺包芯纱、赛络纺紧密纱、赛络纺竹节纱等。

客户来样色彩分析:客户来样纱线为本色纱线,经染整加工后呈现特殊的 AB 间色效果,且纱线在黑暗状态下发出可见光,其色光呈现荧光绿色,说明构成赛络纱线的两股须条采用了不同的纤维原料,且含有部分夜光纤维;每股须条中的纤维是否为纯纺,有待进一步测试分析。

客户来样结构分析:将来样纱线均匀卷绕在 250 mm×220 mm 的黑板上,在标准光源环境下与普通赛络纺纱线进行比对。拆解赛络纱线的两股须条,用放大镜仔细观察两者有无显著粗细差异。结果发现,客户来样纱线并无特殊结构,且两股须条无明显粗细差异,应由普通赛络纺工艺纺制而成。

二、原料构成

取客户来样纱线一段,通过手工将赛络纱线的两股须条进行分离,并单独进行原料分析。取须条中的纤维分别制作横截面及纵向切片,采用电子显微镜观察并记录须条纤维的

结构特征,结果见表 1-14。可以看出,此种赛络纺纱线分为 AB 两股须条,其中 A 股须条为纯棉纤维,B 股须条应为功能性夜光纤维,A、B 两股须条均为纯纺。

表 1-14　客户来样纱线原料微观结构分析

须条组别	横截面特征	纵向结构特征	判定结果
须条 A	不规则腰圆形,内有中腔	扁平带状,有转曲	棉纤维
须条 B	呈规则圆形,表面分散镶嵌有形状不均的颗粒	平直,表面镶嵌有形状不均的颗粒	夜光纤维

三、赛络纺主要工艺参数分析

(一) 纱线线密度

采用缕纱称重法测定纱线线密度。根据来样数量,用缕纱测长器绕取长度为 L_0(5、20、50、100 m)的缕纱样 n 组(3~30 组),烘干后称取总质量,除以取样组数,得到每缕纱平均干重,根据下式计算纱线线密度:

$$\text{Tt} = 1\,000 \times \frac{G_0}{L_0} \times \frac{100 + W_k}{100}$$

式中:Tt——纱线线密度,tex

G_0——缕纱平均干重,g

L_0——缕纱测长器绕取长度,m

W_k——纱线公定回潮率,%

经测试,客户来样赛络纱线 100 m 缕纱平均干重 G_0 为 1.76 g。

由于混纺纱线回潮率

$$
\begin{aligned}
W_k &= W_{ka} \times 50\% + W_{kb} \times 50\% \\
&= 8.5\% \times 50\% + 0.22\% \times 50\% \\
&= 4.36\%
\end{aligned}
$$

故来样赛络纱线密度

$$\text{Tt} = 1\,000 \times \frac{1.76}{100} \times \frac{100 + 4.36}{100} = 18.37 \text{ tex}$$

需要注意,对于赛络纺纱线,进行前道各工序定量设计时,细纱参考定量应为纱线实际定量的一半。

(二) 纱线捻度

赛络纺纱线的结构特殊,其捻度测试一般采用股线捻度测试方法,即直接计数法。用电动方法使纱线解捻,直至捻度完全解完,记录显示的捻回数,根据捻回数和试样长度计算纱线捻度。试验中,取试样长度 25 cm,记录捻回数为 204,纱线捻度应为 81.6 捻/(10 cm)。

（1）客户来样为赛络纺纱线。已知此种纱线为均匀的淡绿色色纺纱，具有阻燃功能。试制定此赛络纱线核心工艺分析方案，阐明需分析的要点内容。

（2）查阅赛络纺新产品开发的相关专业文献资料，阐述其中一两种新产品的核心工艺内容。

任务五　分析花式纱线

现接到客户来样，需仿制一批花式纱线。来样为 30 cm×30 cm 的花式纱线面料。要求对客户来样进行分析，获得原料成分、捻度、捻向和超喂比等核心工艺参数，确保纺纱工艺设计与实施能顺利开展。

花式纱线是指在纺纱和制线过程中采用特种原料、特种设备或特种工艺，对纤维或纱线进行加工而得到的具有特种结构和外观效应的纱线，是纱线产品中具有装饰作用的一种纱线。几乎所有的天然纤维和常见化学纤维都可以作为花式线的生产原料。花式纱线可以采用桑蚕丝、柞蚕丝、绢丝、人造丝、棉纱、麻纱、各种纤维混纺纱、化纤长丝、金属线等为原料。各种纤维可以单独使用，也可以相互混用，取长补短，充分发挥各自的特性。根据织物及其用途，可选用各种纤维原料进行巧妙的搭配，利用不同的纺纱原理和纺纱方法，改变纱线内部结构和外观形态，生产出品种繁多、姿态各异的花式纱线。

近年来，花式纱线行业取得了一系列的新技术成果，并且在发展中不断改进、提高，促使产品向原料多元化、结构复合型、品种差异化方向发展。这些成果得益于新原料、新工艺、新设备和新控制方法的采用。花式纱线机织物可做大衣、西服、外衣、衬衫及裙子等面料，花式纱线针织物可广泛用于羊毛衫、围巾、帽子等针织服装。花式纱线已广泛用于服装、地毯、沙发布、窗帘布、床上用品、高档墙布等领域，不仅成为国际纺织品市场上的新秀，而且是未来时尚的流行趋势之一。

花式纱线是花式纱和花式线的统称。实际生产中，人们习惯将单股的花式纱线称为花式纱，将合股的花式纱线称为花式线。花式纱有别于花色纱。花色纱主要指色纺纱，通过不同色彩或不同染色性能的纤维组合，纺制具有特殊花色效应的纱线，多采用传统环锭纺细纱机经特殊工艺制成。花式纱多采用经适当技术改造的细纱机纺制，常见的品种有竹节纱、间断 AB 纱、双色交替纱、大肚纱、彩点纱、结子纱等。花式线多指由花式捻线机生产的纱线产品,根据加工工艺不同,可分为花式平线、超喂型花式线、控制型花式线、复合花式线、断丝花式线、拉毛花式线等。此外,采用绳绒机、钩编机、小针筒织带机等设备生产的花式线,也得到了一定的应用。下面列举几种常见品种花式纱线的生产原理及主要生产工艺。

一、常见品种花式纱线的生产原理

(一) 花式纱

1. 间断 AB 纱

在中罗拉和后罗拉处各送入一根粗纱 A 和 B,它们的颜色不同(或染色性能不同),中罗拉和后罗拉均采用单独传动,如中罗拉和前罗拉纺 A 纱,后罗拉间断送出 B 纱,这一段就形成 AB 纱,送出 B 纱时 A 纱应减速并与 B 纱速度同步,以保证条干均匀,如图 1-41 所示。

2. 双色交替纱

在中罗拉和后罗拉处各送入一根粗纱 A 和 B,它们的颜色不同(或染色性能不同),两对罗拉交替送纱,如中罗拉送出 A 纱,经前罗拉牵伸纺出一段 A 纱,当 A 纱将停止送出时,后罗拉开始送出 B 纱,在两种色纱交替处生成一段 AB 纱,每段色纱的长度可通过程序设定。

图 1-41 间断 AB 纱

3. 大肚纱

大肚纱与竹节纱的生产原理相似,它与竹节纱的主要区别在于粗节处更粗,而且较长,细节处较短,如图 1-42 所示。一般竹节纱的竹节较少,1 m 内只有两个左右的竹节,而且竹节较短,所以竹节纱以基纱为主,竹节起点缀作用。大肚纱以粗结为主,突出大肚,且粗细节的长度相差较大。目前常用的大肚纱为 100～1 000 tex,使用原料以羊毛和腈纶等毛型纤维为主。

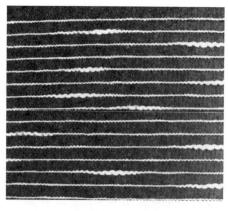

图 1-42 大肚纱

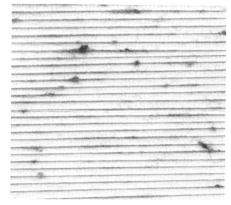

图 1-43 彩点纱

4. 彩点纱

纱的表面附着多色彩点的纱线,称为彩点纱,如图 1-43 所示,有的在深色底纱上附着浅色彩点,有的在浅色底纱上附着深色彩点。一般先用各色短纤维在梳棉机上搓制成彩点,然后在纺纱工序(梳棉)中加入制成点条,再经并、粗、细工序加工制得彩点纱。彩点的加入破坏了须条内部纤维的牵伸运动。成纱条干、毛羽、强力等受到显著影响,一般纺制 100～250 tex 的粗特纱线。这种纱线在粗花呢面料中使用较多。

5. 结子纱

结子纱与彩点纱相似,如图 1-44 所示,但前者只用一种颜色的彩点。如纺涤纶纱时加入棉或黏胶纤维做成的粒子,织成面料后,如果用分散染料染涤纶,棉纤维不上色,即呈现星星点点的白星。用这种纱线与普通纱线在经向按一定间距排列,染色后会生成条状,若再加入纬向间隔排列,就会生成格状。

图 1-44　结子纱

固纱
芯纱
饰纱

图 1-45　花式线示意图

(二) 花式线

花式线一般由三根纱线组成,即芯纱、固纱、饰纱,如图 1-45 所示。芯纱起骨架作用,主要提供纱线的强力,一般选用强力较高的长丝纱。固纱起加固作用,用于固定花型,使花型按生产时的方式固定下来,避免其沿长度方向滑移。固纱大多采用细且强力高的长丝纱。饰纱反映花式效应。花式纱线的花式如粗细节、圈圈、小辫子等,均通过饰纱表现出来。饰纱可采用棉条或粗纱以相同牵伸但不同超喂(如圈圈纱等)生产,或以不同牵伸(竹节纱等)生产,也可采用长丝以不同超喂(如结子纱等)生产。有时,采用不同颜色的粗纱经不同牵伸、不同超喂,可生产出粗细变化而且颜色变化的花式纱。

1. 花式平线

在众多花式线中,花式平线(图 1-46)是最易被忽视的产品。这类产品必须在花式捻线机上用两对罗拉以不同速度送出两根纱,然后对其加捻,才能得到比较好的效果。常见的品种有金银丝花式线、多色交并花式线、粗细纱交并花式线、长丝与短纤交并线等。

2. 圈圈线

这类花式线属于超喂型花式线,即饰纱超喂而包绕在芯纱上,并呈圈型分布在花式线的表面,如图 1-47 所示。圈圈有大有小,大圈圈的饰纱较粗,成纱也较粗,小圈圈可以纺得较细。圈圈线的线密度一般在 67～670 tex。在生产大圈圈时,饰纱必须选择弹性好、条干均匀的精纺毛纱,而且单纱捻度要低。也有用毛条经牵伸后作为饰纱,称为纤维型圈圈线。

图 1-46　花式平线

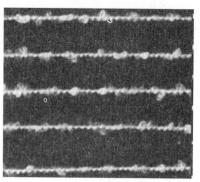

图 1-47　圈圈线

3. 结子线

结子线属于控制型花式线。纺制这类花式线时，花式捻线机上各罗拉须根据工艺要求随时变换动作，如罗拉一会儿快、一会儿慢、一会儿停等，将一根纱线缠绕在另一根纱线上，在成纱表面形成结子效应，如图 1-48 所示。结子间的间距可大可小，但一般无规律较好，以避免布面出现规律性结子。结子线一般不宜太粗，试纺范围在 15～200 tex。

图 1-48　结子线

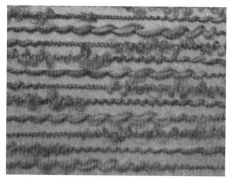

图 1-49　圈圈与大肚复合花式线

4. 复合花式线

将几种不同类型花式线复合在一起得到的纱线，称为复合花式线。如结子与圈圈复合线，用一根圈圈线与一根结子线，通过加捻或用固纱捆在一起，使毛绒绒的圈圈中间点缀一粒粒鲜明的结子。常见的复合花式线还有圈圈与大肚复合线（图 1-49）、粗结与波形复合线、绳绒线与结子复合线、绳绒线与长结子复合线、粗结与带子复合线、大肚与辫子复合线等。

二、常见品种花式纱线的主要生产工艺

花式捻线机一般采用空心锭子加工方式，其生产原理：芯纱经芯纱罗拉输送，经导纱罗拉进入空心锭子；饰纱经牵伸机构进入空心锭子，饰纱的喂入速度（一般为超喂）不停变化；固纱从空心锭子筒管上引出进入空心锭子。三根纱同时喂入，在加捻钩以前，芯纱、饰纱随空心锭子一起回转而得到假捻，而固纱从空心锭子上退绕下来，与芯纱、饰纱平行但不经

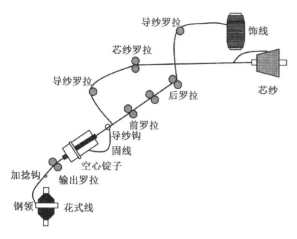

图1-50 花式捻线机原理示意图

假捻。通过加捻钩后，芯纱、饰纱的假捻消失，而固纱包缠在芯纱和饰纱上，将由于饰纱超喂变化形成的花型固定下来，形成花式纱线，如图1-50所示。芯纱需有一定张力，饰纱要有超喂，固纱必须包缠。在整个纺纱过程中，一次完成牵伸，形成花型和络筒工序。花式的形成靠三根纱线的配合，通过对超喂比、牵伸倍数、芯纱张力、捻度等参数的控制，可获得不同的花型。要得到好的花式线，必须对这些参数进行综合控制。

（一）超喂比

超喂比是指前罗拉的表面线速度与芯纱罗拉的表面线速度之比。超喂比直接决定饰纱在纱线表面形成的花型。

（二）牵伸倍数

牵伸倍数是指前罗拉的表面线速度与后罗拉表面线速度之比。牵伸倍数可以是恒定的，也可以不断变化，生产不同的花型。

（三）芯纱的张力系数

张力系数是指芯纱罗拉的表面线速度与输出罗拉的表面线速度之比。芯纱张力由张力器或罗拉调整，张力影响成纱质量及花型的稳定性。如张力太小，芯纱不能稳定地处于中心位置而影响成纱质量。

（四）花式纱线的捻度

花式纱线的捻度，对筒管卷绕的机型而言，一般指固纱对单位长度芯纱的包缠数，即空心锭子转速与输出罗拉速度之比，它与花式纱线的手感、外观、花式效果有直接关系；对环锭卷绕机型而言，除包缠数以外，还有环锭所加的捻度，加捻的目的主要是平衡包缠引起的不平衡。因此，花式纱线的捻度设定必须和包缠程度及纱线其他指标配合。

三、花式纱线产品开发

（一）开发方式

1. 来样仿制

客户往往在服装或家纺织物中抽取几根或几段，要求生产厂商进行来样分析，即分析芯纱、饰纱、固纱的原料成分、捻度、捻向、超喂比等工艺参数，再试制小样。由这个过程得到的产品一般只能做到近似，客户确认后便可投产。如客户要求做到与原产品完全相同，必须将生产设备、原料等细节分析清楚。

2. 按客户要求在某些方面予以改进

对于这类产品，除来样分析外，要加入部分设计构思。有些产品在原料变换后可能会面目全非,所以要求设计人员具有丰富的经验及判别能力。特别应该注意的是,来样往往是从服装上抽取的,已经过多道后加工处理,而仿制出来的是坯线,经过整理后芯纱和固纱会发生收缩,花型会发生质的变化。最简单的方法是将生产的花式纱线坯线经热水处理再烘干,观察其外形变化。波形线如用长丝纱做芯纱或固纱,由于长丝纱的沸水收缩率较大,波形往往会变成小圈圈。

3. 独立设计

这种方式主要依赖设计人员平时通过市场调研产生灵感而进行设计,也可依据已有较好的花式纱线产品进行同构设计。花式纱线的创新设计主要依靠设计人员对原料、色彩的艺术欣赏能力及丰富的实践经验。

(二) 设计内容

1. 原料的选配

设计一款新型花式纱线,其用途必须明确,如该产品用于时装面料还是春秋或冬装面料,是高档产品还是大众化产品。用途确定后方可选取原料,因为原料的优劣决定着纱线的生产成本,同时也决定着产品的质感和品质。如花式纱线拟用于精纺西服面料,原料应选择精纺毛纱,设计高贵雅致的小结子线、波纹线等。

2. 芯纱、固纱和饰纱原料的选配

设计花式纱线时还要确定该产品用于针织还是机织、用作经纱还是纬纱及芯纱和饰纱在整根花式纱线中所占的百分比。如用作机织经纱,织造时须承受较大的张力和摩擦,因此芯纱和固纱要选择强力高的涤纶长丝或锦纶长丝。如果饰纱用羊毛,且花式纱线要进行染色,芯纱和固纱只能选择锦纶长丝或毛纱,保证它们的染色性能相同。如果饰纱选用深色,芯纱和固纱可选黑色涤纶长丝,可降低成本。

3. 外形结构的设计

花式纱线外形结构的设计要与后道产品相互配合,最好按照后道产品的要求提出设想,先做一部分样纱供后道设计人员设计新产品,也可由花式纱线设计人员设计一批新产品供后道使用厂商挑选。作为花式纱线设计人员,必须熟悉市场动向和第一手信息,以便准确判断未来产品的发展方向,提出大胆设想,决不能闭门造车。有时也可以采用同构设计原理,对市场上的热销产品进行分析,派生出相似产品。

4. 色彩的设计

色彩的选配是一门科学。在配色中有调和色、对比色、类比色,在色光上有暖色调和冷色调。作为一名设计人员,要以艺术的眼光设计色彩,而不能以个人的喜爱进行设计。设计产品时,首先要明确使用对象及消费区域,对消费对象的喜好有所了解,才能设计出市场热销的产品。

四、花式纱线的应用

花式纱线的应用范围非常广,适用于棉织物、丝绸、毛巾、毛毯、领带、装饰布、服装面料、立体异形织物及各种规格的提花织物等。用花式纱线织造的织物具有美观、新颖、高雅、舒适、柔软、别致的特点,主要应用于服装和家用纺织品。

（1）床上装饰用品。用结子花式线、结子花式粗节纱线、雪尼尔线等生产排须床罩、起圈床罩、提花床罩、花纹床罩、珍珠床罩、床沿、靠垫等。

（2）室内窗帘织物。用花式纱线织制高档窗帘类织物，包括钩边窗帘、经编、烂花、印花、提花、缝边、烂花印花窗帘等。

（3）墙面装饰织物。采用花式纱线生产的墙面装饰织物是墙布的第四代品种，具有高雅、美观、降低噪声的特殊功能。采用花式纱线墙布，噪声可下降 10 db，已被高级住宅、宾馆、饭店大量采用。在美国和西欧市场，这种布的每米售价在 1~2 美元。

（4）家具装饰织物。用带有粗节结构花纹和花式纱线织成的家具装饰织物，在欧洲的一些国家和北美特别流行。这类织物主要用于各类家具的装饰，如沙发面料、靠垫面料、座椅面料、屏风材料等。

客户来样为 30 cm×30 cm 的花式纱线面料。来样分析的主要内容应包括纱线线密度，芯纱、饰纱和固纱的原料成分，捻度和捻向及超喂比等工艺参数。

一、花式纱线线密度的测定

因客户来样较小，无法采用正常的线密度测试方法，故采用定长切段称重法。从客户来样即 30 cm×30 cm 的花式纱线面料上拆解纱线 20 根，分别切段成 20 cm，共计 400 cm(4 m)，称得其质量为 0.275 g，则此面料中花式纱线线密度 Tt=0.275×250=68.75 tex。

细心拆解芯纱、饰纱和固纱，分别称其质量，得芯纱质量 0.069 g、固纱质量 0.071 g、饰纱质量 0.135 g，再分别计算线密度：

$$芯纱线密度 = 0.069 × 250 = 17.25 \text{ tex}$$
$$固纱线密度 = 0.071 × 250 = 17.75 \text{ tex}$$
$$饰纱线密度 = 0.135 × 250 = 33.75 \text{ tex}$$

各原料成分在花式纱线中所占百分比：

$$芯纱在花式纱线中所占百分比 = 0.069 ÷ 0.275 = 25.09\%$$
$$固纱在花式纱线中所占百分比 = 0.071 ÷ 0.275 = 25.82\%$$
$$饰纱在花式纱线中所占百分比 = 0.135 ÷ 0.275 = 49.09\%$$

二、捻度及捻向分析

由于客户来样较小，采用手摇捻度计，取样夹持间距 10 cm，实测捻度为 40 捻，捻向为 S。将固纱（固纱一般是未加捻的长丝）剪断，发现芯纱和饰纱呈 Z 捻，再用捻度计以 Z 向退捻，使指针回到零位，发现芯纱和饰纱仍有 Z 向捻度，继续退捻至芯纱和饰纱呈无捻状，指针越过零位 20 捻，得此面料中花式纱线的捻度应为 40+20=60 捻/(10 cm)。

说明该花式纱线在生产中利用环锭退捻而制成。花式纱线较细、捻度较高时，用环锭退去部分捻度再加自然定型,可减少花式纱线在后道生产中的斜片或扭结现象。该花式纱线的退捻率为 $20 \div 60 = 33.3\%$。

芯纱和饰纱在花式纱线生产过程中形成的是假捻,而固纱本身没有捻回,包上去的是真捻。生产过程中用环锭退捻时,每退去一个捻回等于给芯纱和饰纱加上一个反向真捻,用捻度计退捻时等于给芯纱和饰纱继续加反向真捻。当退清固纱的 40 捻时,等于给芯纱和饰纱反向加上 40 个真捻,再反向退捻至零位,即退掉这 40 个真捻,也就是环锭退去的捻回。

三、超喂比的分析

分析来样的超喂比,实质是测定其芯纱和饰纱的长度,超喂比=饰纱长度/芯纱长度。由于从来样上拆下的纱线经过捻合存在弯曲,加上来样有时是从经过后处理的花式纱线织物中得到的,测量长度可能有误差。因此,超喂比可以利用测量的长度进行计算,再根据需要做适当微调。

取来样中纱线 10 cm,细心拆开,分别测其长度,实测芯纱长度为 10.2 cm,固纱长度为 10.4 cm,饰纱长度为 20.5 cm,则超喂比=饰纱长度/芯纱长度=20.5/10.2=2.01。

四、原料成分分析

结合使用燃烧法、显微镜观察法、化学溶解法判定原料成分。燃烧法及显微镜观察法的试验结果见表 1-15。化学溶解法的试验结果见表 1-16。

表 1-15　燃烧法及显微镜观察法试验结果

原料成分	燃烧法试验结果	显微镜观察法试验结果	
		横截面	纵向
芯纱	近火熔缩,触火先熔后烧,冒烟滴液,发出芳香甜味,离火延烧,灰烬为黑褐色玻璃状硬球	圆形	平滑顺直
饰纱	近火熔缩,触火燃烧,发出毛发烧焦味,离火不易延烧,灰烬为松脆黑灰	圆形或近似圆形	有鳞片
固纱	近火熔缩,触火先熔后烧,冒烟滴液,发出芳香甜味,离火延烧,灰烬为黑褐色玻璃状硬球	圆形	平滑顺直

表 1-16　化学溶解法试验结果

原料成分	盐酸 37%,24 ℃	硫酸 75%,24 ℃	氢氧化钠 5%,沸	甲酸 85%,24 ℃	冰醋酸 24 ℃	间甲酚 24 ℃	二甲基甲酰胺 24 ℃	二甲苯 24 ℃
芯纱	I	I	I	I	I	S(93 ℃)	I	I
饰纱	I	I	S	I	I	I	I	I
固纱	I	I	I	I	I	S(93 ℃)	I	I

注:I——不溶解,S——溶解

根据试验结果,判断芯纱和固纱原料为涤纶,饰纱原料为羊毛。

 课 外 拓 展

（1）试选用合适的原料，设计一种含毛量大于 90% 的大圈圈纱，并说明选用原料成分及所占百分比、超喂比。

（2）试在生活中寻找一块花式纱线面料，分析其原料成分、捻度、捻向和超喂比等核心工艺参数。

项目二　订单来样纱线开发与设计

——经典色纺麻灰纱线开发

项目基本要求

1. 熟悉色纺纱的定义、分类及产品特点与应用。

2. 能熟练区分未知色纺纱线的品种信息，能够借助科学的方法，熟练分析色纺纱规格、原料、混纺比、配色方案等信息。

3. 能够结合具体的纤维原料品种特性，选取合适的染料及助剂，制定合理的散纤维染色工艺，并组织实施。

4. 能熟练根据实际订单要求，选取合适方法进行打样，样品色彩与来样一致，并得到客户认可。

5. 能熟练结合打样基础，制定合理的色纺纱生产工艺，并组织实施，产品质量符合客户要求。

6. 能熟练制作色纺纱产品报价单，并对项目产品做出适当的报价。

项目任务

图 2-1　客户来样麻灰纱面料

某色纺企业接到客户 5 000 kg 来样订单。客户来样面料如图 2-1 所示，要求生产一批 JC60/T40 14.6 tex 高档针织麻灰纱，用于织造春夏季卫衣面料，一周后交货，纱线符合 FZ/T 12016—2014《涤与棉混纺色纺纱》质量要求。请根据客户订单来样纱线，分析纱线品种、规格及配色方案信息，制定合理的散纤维染色方案、配色打样方案，并组织实施。小样在 D65 光源下与客户来样对比一致，并得到客户认可。制定合理的纺纱工艺，并组织生产，产品性能指标符合客户要求的质量标准，按期交货。

任务一　色纺纱订单来样分析

分析客户来样面料，借助科学的方法确定纱线品种、规格、捻向、捻度等核心参数，分析

纱线色彩信息,确定纱线加工工艺及纤维配色方案,确保后续打样工作顺利开展。

 知 识 准 备

一、色纺纱基本知识

我国从 20 世纪 90 年代初开始生产色纺纱。刚开始的 10 年,以纯麻灰为主;中间 10 年,有多色多彩的演变;近 10 年,开始多技术的创新嫁接。今后,色纺将被赋予更多的内涵。

色纺纱一般由两种以上不同色泽、不同性能的纤维混纺而成。色纺纱可实现白坯布染色所不能达到的朦胧立体的色彩效应和质感。由于采用"先染色,后纺纱"工艺,其制品还可以减少后整理时因各种纤维收缩或上染性能差异而造成的疵点。色纺纱的最终色光一般为多缸纤维色光的混合,产品呈现双色或多彩感,能达到夹花朦胧的效果,制成的面料呈现多彩色、手感柔和、质感丰满的风格特征,提高了产品的附加值。

与传统纺纱相比,色纺纱具有显著的优势。

首先是色纺纱的环保优势。这是相对于整个社会环境的污染总量而言的。传统的纺织品染色加工通常有两种途径:一是筒子纱、绞纱染色,100%下水过染液;二是坯布染色或印花,同样是 100%下水过染液。色纺纱是在纺前纤维染色(或原液着色),纺中按色比混合,纺后无需染色,如纱线制品中有色纤维含量为 50%,环境总污染量减少一半左右。

其次是色纺纱的挑战性。色纺流程长,关联度大,生产中讲究协同组织和快速反应,对企业的团队执行力、管理技术、营运系统都是一个巨大挑战。

最后是色纺纱的技术优势。色纺纱颠覆了传统的纺纱流程,棉、毛、麻、化纤等成分先染后纺,于可纺性的改善,有一定的技术含量;来样分析,调色配色,于打样的过程,有一定的技术含量;段彩纱等特殊品种的纺制,于生产管理,有一定的技术含量;至于色彩的时尚演绎,于设计和研发,有更高的技术含量。

当然,色纺也有其难以逾越的弊端。

一是用工多,成本高。色纺有灰度,挡车工巡回时视觉易疲劳,分辨力低,加上染色纤维强力受损,纺纱过程中断头率高,因此,细纱工序的平均看台数减少,用工增加;另外,前道要设混花工序,各道要配备翻改揭底人员,均增加用工。

二是速度慢,效率低。色纺各道工序的速度,均比同支白纱低 10%以上。多品种、小批量,导致各道机台时常处在调整换批中,实际生产效率降低。色纺纱与白纱智能化、大卷装、清梳联、粗细络联等发展趋势,显然是不相吻合的。

三是色纺纱浪费消耗惊人。各种颜色、各种成分、零星的回花、下脚,很难适时掺用;色偏、色差等各类问题纱及零星库存纱,很难控制,日积月累,浪费严重。

上述问题都有待色纺企业不断改进,加强精细管理。色纺是真正需要工匠精神的行业。

然而,展望未来,色纺纱独特的混合效果、朦胧夹花的布面风格、多组分混纺的优良特性、多技术运用的纺制方法及环保绿色的发展趋势,注定了色纺有广阔的前景。

二、颜色的基本知识

众所周知,颜色可分为彩色和非彩色(或称消色),这是因为物体对光具有吸收性能。彩色是物体对可见光选择性吸收的结果,非彩色是物体对可见光非选择性吸收的结果。例如:红色的纤维多反射红光,因为其他颜色的光基本被吸收了,因此只能看到红色。通常,人们将色调、饱和度和亮度称为颜色的三个基本特征,如图2-2所示,或称为色的三要素。

a—色调;b—饱和度;c—亮度

图 2-2　颜色的三个基本特征

(一) 色调

色调又称色相,可用来表征各种颜色的色别,是色与色之间的主要区别,也是颜色的最基本性能。如红、黄、蓝、绿就是不同的色调。色调也可用来区分颜色的深浅。

(二) 饱和度

饱和度又称纯度、鲜艳度或彩度,可用于区别颜色的鲜艳程度。它表明颜色中彩色的纯洁性,即颜色中所含彩色成分和非彩色成分的比例,含彩色成分的比例越大,纯度就越高。因此,光谱色的纯度最高,而消色(即白色、灰色、黑色)的纯度最低,所以说光谱色是极限纯度的颜色。

(三) 亮度

亮度又称明度,可用于区别颜色的浓与淡。它表示有色物体的表面所反射的光的强弱程度,即表明物体色接近黑白的程度,明度值越大,表明越接近白色,反之则越接近黑色。

总之,颜色的三个基本特征是互相联系的,要准确地描述一种颜色,三者缺一不可。同样,要判断两种颜色是否相同,首先要判定颜色的三要素是否相同。

三、色纺纱原料的色彩构成

生产中,影响色纺纱产品色彩效果的因素很多。色纺纱的色彩效果不仅包括纱体本身所呈现的总体色彩,还包括各种色彩在纱体结构中的分布规律,这种分布规律往往直接决定着产品给予人们的视觉感受。纤维原料的混色配方及生产加工的混色方法,是决定色纺纱色彩效果的重要因素。

根据纤维原料的混色配方,可以将色纺纱分为双色混纺纱和多色混纺纱。

(一) 双色混纺纱

双色混纺纱(图2-3)是由两种颜色的纤维混合纺成的纱(如麻灰纱)。混色均匀的双色混纺纱,根据色纤维混入比例又分为低比例色纺纱(色纤维≤10%)、中比例色纺纱(10%<色纤维≤40%)和高比例色纺纱(色纤维>40%)。混色均匀的色纺纱质量要求较高,生产中首先要控制混色均匀性,防止色差;其次是棉结,在中、低比例色纺纱生产中,要严格控制

40%黑纤维　　30%黑纤维　　20%黑纤维

图 2-3　双色混纺纱(麻灰纱)

对纱线质量危害大的色结。在混色不均匀的双色纺纱生产中,为提高两种颜色的视觉效果,两种色纤维的混纺比例在1∶1左右时差别较小。

(二)多色混纺纱

多色混纺纱由两种以上颜色的纤维混合纺制而成(如三色纱等)。它以色彩作为主打,根据时尚流行色选定色彩搭配,层次感强,具备优良的日晒色牢度、摩擦色牢度、水洗色牢度等指标,为织制高档时尚面料新品种奠定了基础。生产中,采用不同原料、不同色彩进行多种组合,可形成千姿百态、风格各异及不同服用性能的新花色、新产品。多色混纺纱及其制品如图2-4和图2-5所示。

图2-4　多色混纺纱　　　　图2-5　多色混纺纱面料

即使采用相同的纤维原料混色配方,在纺纱生产中采用不同的混色工艺,所纺制的色纺纱的色彩效果也会呈现很大差异。目前,生产中较常用的混色工艺有棉包混棉、条子混棉、复合混棉三类。

1. 棉包混棉

棉包混棉也称立体混棉,适用于纯棉纺纱、纯化纤纺纱、化纤混纺纱。由于棉包松紧存在差异,抓棉打手在各处的抓取能力不同,此混合方法虽使清梳工序生产顺利、管理方便,但混纺比不易控制,混合效果稍差。当棉与化纤混纺或化纤的比例较小时,采用棉包混合,其混棉效果如图2-6所示。

 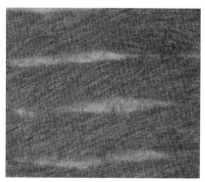

a.生条　　　　　　　　　　b.熟条

图2-6　麻灰纱棉包混棉棉条

由于有色纤维在加工初期进行了混合,再经多道混合和梳理加工工序,纤维实现了全方位立体性混合,均匀性好,色彩融合性较好,纱体呈现较均匀的纯色,如图2-7所示。

2. 条子混棉

条子混棉又称纵向混棉,是在并条机上按比例进行混合的方法,适用于两种性能差异较大的纤维混纺。此方法有利于控制混纺比,混合均匀,但需经过多道并条工艺。

图2-7　棉包混棉麻灰纱

由于不同颜色的纤维条在并条工序混合,虽经历2~3道并条,但各色纤维并不能实现彻底的混合,而是在须条长度方向呈现有规律的色彩分界,如图2-8所示,经粗纱和细纱加捻加工,最终的纱线制品上仍可见显著的色彩分界,如图2-9所示。

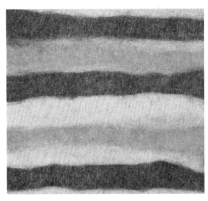
a. 一并半熟条

b. 二并半熟条

图2-8　麻灰纱条子混棉半熟条

图2-9　条子混棉麻灰纱

图2-10　复合混棉麻灰纱

3. 复合混棉

在高档纯棉色纺中,两种混料方法兼用,复合混棉的棉条混色效果如图2-11所示,纱线混色效果如图2-10所示。复合混棉兼具棉包混棉和条子混棉的特点,成纱色彩更具层次感。在色纺纱的生产过程中,原料混合是关键的一步,混料的均匀性是保证质量的一个重要环节,也是优质产品的影响因素之一。若原料混合不匀,不仅影响纱线的物理力学性能,还会影响织物的染色均匀性能。

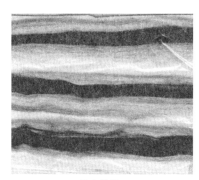

a. 一并半熟条   b. 二并半熟条

图 2-11 复合混棉麻灰纱半熟条

此外,基于传统的色纺技术,生产技术人员及纱线产品开发人员不断创新纺纱工艺技术,逐渐形成了色纺 AB 纱、段彩纱、彩点纱等新型色纺产品。这些产品风格独特,色彩柔和,富有层次感,深受消费者欢迎。

色纺 AB 纱采用赛络纺纱技术,在细纱工序增加粗纱喂入根数,采用 A、B 两种色彩的粗纱同时喂入,制成具有均匀螺旋分色效果的色纺 AB 纱,如图 2-12 所示。段彩纱的纺制则基于赛络纺技术,同时喂入两种色彩的粗纱,其中一根粗纱作为基纱,持续稳定地输出,而另一根粗纱作为段彩,定时或随机间断输出,纱体纵向呈现间断的彩色效果(彩图 1-10)。彩点纱则是在梳棉工序加入由特定加工设备搓制的纤维球(彩色棉结),然后制作点条,与无点条在并条工序混合,再经正常的纺纱工序纺制而成,纱体上随机分布彩色棉结,风格独特,色彩艳丽,时尚美观,如图 2-13 所示。

图 2-12 色纺 AB 纱   图 2-13 彩点纱

四、色纺纱来样分析

(一) 纱线品种分析

分解来样纱线,确定纱线成纱结构,判断纱线类别。目前市场上较常见的纱线类别有环锭纱、OE纱、涡流纱、花式纱等,其中环锭纱又有赛络纱、包芯纱、紧密纱、竹节纱、段彩纱等多个变种,而花式纱线有显著的结构和色彩特征,较易鉴别。

(二) 纱线规格分析

主要指纱线线密度、捻度等。纺制样的纱线线密度和捻度一定要和客户送样一致,否则对色不准,纱线越细、捻度越大,颜色越深,色光也会改变。对特殊结构纱线还需分析结构规格参数,如竹节纱需分析竹节的长度、间距和粗度,段彩纱需分析段彩的长度、间距和粗度等。

(三) 原料成分及混纺比的分析

分解来样纱线,通过定性、定量分析,获取纱线原料成分及混纺比。由于纤维制造技术的进步,新型纤维原料品种成百上千,给纤维鉴别工作带来了很大的难度。大部分新型纤维原料是常见纤维原料的改性产品,或与常见纤维原料具有显著共性,如芦荟纤维、薄荷纤维的主要化学成分及微观结构与黏胶纤维较相似,珍珠纤维、变色纤维、发热纤维、负离子纤维等的主要物理化学性能与某些化学纤维基本相似。在鉴别过程中,可以借助手感目测、燃烧、化学分析及显微技术等多重手段综合评定。

生产中,通常不需要精确分析来样纱线的成分配比,而常常借助客户提供的技术资料或客户对原料品种及质量要求,快速确定纤维品种及混纺比。因为不同原料产生的直接生产成本往往差别较大,客户可根据自己的综合需求对纱线原料进行指定,而生产厂商根据客户的原料需求进行配色打样,只要样品的色彩效果得到客户认可便可下单生产。

(四) 对色与原料混色配方分析

客户提供的色样一般有明确的光源要求,如自然光、日光、D65(人造自然光)、TL84(欧洲百货公司白灯光)、F/A(室内钨丝灯光)、UV(紫外线灯光)等。打样和审样时,一定要用客户指定的光源,在标准对色箱(图2-14)中进行,因为在不同的光源下会产生不同的色光。无特殊要求时,一般采用D65光源,少用自然光。自然光受天气限制,不同时段产生的视觉效果不同。

对色时,一要平视布样或纱线倾斜45°,可将布片叠2~5层,避免单层对色;二要注意样品位置与标准样位置左右上下调节对比,观察差距;三要注意减少不同样品的连续对比,先取颜色浅、明度低的产品,再取深色产品,防止视觉疲劳。

图2-14 标准对色箱

对来样整体色光进行判断后,还要分解来样纱线的有色纤维构成,因为色纤维色光互补,易造成配色差异。一般通过分色称重法、显微镜法、混纺比法、目测估算法、电脑扫描法等分色手段,确定有色纤维的种类及成分配比。结合纤维原料的分析结果,根据纤维的色彩分析,确定各色纤维原料的主要染色工艺及染料要求。生产中染色配方和染色工艺难以复制,完全相同的色彩仿制难度较大,一般可根据来样分析结果准备打样,并对混色配方进行及时的调整和修正,获得与来样最接近的类似样送客户确认,客户认可后方能确认生产。

需要注意的是,如果客户来样经过后整理加工,要考虑所选纤维在后整理加工后的色光变化。例如来样经过增白处理,测试小样的原料应选用增白原料,确定比例出先锋样时,换增白为原白色,以避免后整理过程中发生色偏。

(五) 色牢度要求分析

客户来样订单如果有色牢度要求(如日晒牢度要求 4.5 级),需进行染料选择。

色纺纱企业的客户来样应妥善保管。在客户档案中保留来样,对于染色配方的制定和颜色管理非常重要。若色样不慎丢失,主管必须及时通知业务人员再次提供色样。客户色样的尺寸应适当,过小会影响技术人员对色彩的判断。

要加强色卡管理工作。相关技术部门每天都会接到很多不同颜色的色样,相同染色配方染出的纤维经过不同纺纱工艺纺制成纱后,颜色差异往往较大。需专人负责,对所打的小样进行整理,整理后的色样才能作为今后染色打样配方的参考样本。将客户来样、生产大样与小样并贴在一起,即成为具有对比效用的打样用参考样卡。由技术主管对这些色样进行对比,可系统地纠正染色配方。

一、纱线品种分析

拆解客户来样面料,借助放大镜等工具,仔细分析纱线结构与色彩特征,发现纱线无特殊结构,且符合普通环锭纺纱线特征,其色彩特征显示纱线纵向色彩分布不均,且深浅色存在色彩相间。

对于麻灰纱,不同的混棉方法实现的混色效果各不相同。复合混棉时,由于棉包混合与条子混合综合使用,整根纱条呈现灰色底色,交错有螺旋形深灰色;立体混棉时,由于采用棉包混合,有色纤维与本色纤维充分混合均匀,整个纱体呈现均匀的灰色;纵向混棉时,整个纱体呈现白色底色,交错有螺旋形不规则灰色或深灰色。

本例中,客户来样纱线与纵向混棉纱条特点相同,故认为该例纱线采用纵向混棉,有色纤维与本色纤维分别经过开清棉和梳棉,在并条时混合。

二、纱线规格分析

由于客户来样面料限制,采用定长称重法再换算成纱线线密度。拆解面料中的纱线,取样共计 10 m,称取纱线质量。注意,测量纱线长度时,应使纱线在拉直状态下进行。试样经烘箱烘干,称取 10 m 纱线干重为 0.141 g。纱线为棉/涤混纺,其公定回潮率 $W_k=8.5\%\times60\%+0.4\%\times40\%=5.26\%$,则来样纱线线密度 Tt=0.141×10×(1+5.26%)×10=14.8 tex,符合 14.6 tex±2% 的质量标准,执行客户要求,取纱线线密度为 14.6 tex。

观察纱线捻向为 Z 捻,取纱样 10 cm,测 10 组,采用一次退捻加捻法测得纱线平均捻度为 81.5 捻/(10 cm)。

三、原料成分及混纺比的分析

根据客户订单要求,纱线原料为精梳棉与涤纶混纺,混纺比为 60/40。需要注意的是,这里的混纺比是指不同原料的干重比值,在色纺原料配色对色时还有一个有色纤维比例,要将两者区分清楚。

四、对色与原料混色配方分析

取来样中的纱线制作成样卡,在 D65 光源下对照企业内部标准麻灰纱色卡,确定来样纱线色光与黑白纤维比例为 20/80 的麻灰纱最接近。进一步进行色纤维分析,拆解来样中的纱线,并分解为散纤维,采用放大镜在 D65 光源下目测,分析其共有几种色纤维色光,不能只看整体色光,因为色纤维色光互补,易造成配色差异。经目测分析,初步估计纱线由黑色纤维与原白纤维两种纤维构成,两者之间的比例为 20/80。

色纤维目测比例结果的准确性,对配对色人员的工作经验有非常大的依赖性。有条件的企业可以结合电脑图像扫描等高科技手段,初步测试色纤维比例。

初步估计的色纤维比例将在后续打样至大样生产中逐步修正。

与客户确认纱线是否经过增白等特殊处理,如无则根据纱线原料混纺比(棉/涤比例为 60/40),初步确定其配色方案:本色棉/黑色棉/本色涤 40/20/40。

五、色牢度要求分析

根据 FZ/T 12016—2014《涤与棉混纺色纺纱》要求,纱线的耐皂洗色牢度、耐汗渍色牢度、耐摩擦色牢度均需达到 4 级。

课外拓展

(1) 在生活中寻找 2~3 块麻灰纱面料,试对其纱线品种、规格及色纤维比例进行分析。
(2) 参照企业麻灰纱色卡,讨论生活中常见麻灰纱面料的色纤维比例范围。

任务二 散纤维染色

任务导入

根据来样分析结果,核定需染色加工的纤维品种及数量,选取合适的染料及助剂,制定合理的染色工艺,并组织实施染色,生产出符合配色要求的有色纤维。

知识准备

色纺纱风格独特,具有较高的附加值。色纺纱与普通纱线的根本区别是,前者先染后纺,而后者先纺后染,甚至经过织造工序才进行染色。先染后纺,色光变化非常复杂,不仅涉及染料的拼色,还有纺纱过程中不同颜色的散纤维拼混。除了有色涤纶、有色黏胶纤维外,棉、毛等纤维需按配色要求送厂染色,部分非常见色系的各类化纤也必须送厂染色。散纤维染色的鲜艳度、色牢度、色光准确性等,影响色纺纱的品质。

一、散纤维染料的分类和染色性能

(一)直接染料

直接染料的分子结构中大多含有磺酸基、羧基等水溶性集团,能溶于水,在含有氯化钠或元明粉的染浴中加热,可直接上染天然纤维素纤维和黏胶基纤维,也可在中性或弱酸性条件下上染蛋白质纤维及聚酰胺纤维。直接染料具有品种多、色谱全、用途广、成本低、使用方便等优点。

普通直接染料的耐洗色牢度不好,需进行固色处理,但固色后染色产品的色光易发生改变,并对环境造成一定污染,因此直接染料的应用受到很大程度的限制。在禁用染料品种中,直接染料占大多数。

(二)活性染料

活性染料的分子结构中含有一个或一个以上的活性基团,在染色过程中,活性基团可以和纤维素中的羟基、蛋白质纤维及锦纶中的氨基等发生化学反应,使染料成为纤维大分子的一部分,故而又称为反应性染料。活性染料具有较高的湿处理牢度和摩擦牢度,其染色色泽鲜艳,匀染性能好,色牢度高,色谱齐全,染色工艺简单,成本低,广泛运用于棉、黏胶、丝绸、羊毛、麻、锦纶等纤维及其混纺织物的染色。常用活性染料品种及三原色见表2-1。

表2-1 常用活性染料品种及三原色

类型	使用温度	三原色			生产厂家
		浅色	中色	深色	
EF型	中温型	活性金黄 EF-R 活性艳红 EF-5B 活性艳蓝 EF-GR	活性金黄 EF-R 活性艳红 EF-6B 活性艳蓝 EF-2G	活性金黄 EF-2R 活性艳红 EF-8B 活性艳蓝 EF-2G	上海染化八厂
FN型	中温型	活性黄 FN-2R、活性红 FN-R、活性蓝 FN-R			Cibacron公司
X型	低温型	活性黄 X-4RN、活性红 X-6BN、活性蓝 X-GN			Cibacron公司
KE型	高温型	活性黄 KE-4R、活性红 KE-3B、活性蓝 KE-R			广东伟华化工
B型	中温型	活性黄 B-4RFN、活性红 B-2BF、活性蓝 B-2GLN			Megafix公司

影响活性染料染色的因素:

(1)温度。随着温度的升高,固色反应速率常数 K_f 和水解反应速率常数 K_w 都增大,但水解反应速率的提高更大。因此,在满足染色生产要求的反应速率的前提下,应尽量采用较低温度染色,以获得较高的固色率。

(2)pH值。在纤维素纤维染色过程中,随着 pH 值的增大,[CellO—]和[OH—]都相应提高,在 pH 值为7~11时,[CellO—]约为[OH—]的30倍,染料与纤维有较高的反应速率和固色率。当 pH 值超过 11 后,pH 值越高,[CellO—]与[OH—]的比值越小,固色率下降,水解率增加。因此,染液的 pH 值不宜超过 11。

（3）浴比。浴比过大,将明显降低染料吸附量,降低染料与纤维的反应速率和固色率,浴比过低,容易造成染色不匀等染色疵病。因此,活性染料染色应在不影响匀染的条件下尽量采用小浴比。

（4）碱剂。纤维素纤维用活性染料染色时,碱充当染料与纤维的反应触媒,因此必须使用碱剂促进反应。此时,碱剂的种类和用量不是重点,但必须注重染液的 pH 值管理。染色时的最佳 pH 值是基于染色温度而变化的,一般中温(60 ℃)时染液的 pH 值设定在 11.5 左右,高温时染液的 pH 值控制在 10~11,低温时染液的 pH 值控制在 12.5 左右。

(三) 还原染料

还原染料的品种较多,色谱较全,色泽鲜艳且色牢度较高,但价格较贵,红色品种较少,特别缺乏鲜艳的大红色,染色工艺复杂,某些黄、橙色有光敏脆损现象。还原染料主要用于棉及涤棉混纺织品的染色,也可用于黏胶等其他纤维素纤维染色。

还原染料的分子结构中不含水溶性基团,不能直接溶于水,对纤维无亲和力,必须在强还原剂和碱剂作用下,使染料还原成可溶性的隐色体钠盐上染纤维,再经氧化处理,重新转化为不溶性的染料固着在纤维上。

(四) 酸性染料

酸性染料多数以磺酸钠盐的形式存在,易溶于水,在水中可电离成染料阴离子,属于阴离子型染料。酸性染料染色方便,色泽鲜艳,但耐洗色牢度较差,特别是染中深色时,一般需进行固色处理,才能达到色牢度要求。酸性染料主要用于羊毛、蚕丝等蛋白质纤维和聚酰胺纤维的染色。

(五) 分散染料

分散染料的结构简单,相对分子质量小,水溶性很低,是疏水性较强的非离子型染料。染色时,依靠分散剂的作用,以微小颗粒状均匀分散在染液中,因而称为分散染料。分散染料是涤纶及其制品染色的主要染料之一。涤纶的分散染料染色方法有热熔染色法、高温高压染色法和载体染色法。常用的分散染料三原色见表 2-2。

表 2-2　常用分散染料三原色

类型	三原色	备注
低温型	分散黄 E-3G,分散红 E-4B,分散蓝 E-4R 分散黄 E-2G,分散红 E-3B,分散蓝 2BLN	浅色
中温型	分散黄 SE-GL,分散红 SE-4RB,分散蓝 SE-5R 分散黄 M-4GL,分散红 SE-GFL,分散蓝 SE-2R	中色
高温型	分散黄 S-4RL,分散红 S-5BL,分散蓝 S-3BG 分散黄 S-2RL,分散红 S-2GFL,分散蓝 HGL	深色

(六) 阳离子染料

阳离子染料是一类色泽鲜艳的水溶性染料,在水中能电离成有色的色素阳离子,因而称为阳离子染料。阳离子染料染色通常在酸性介质中进行,染料和纤维都处于电离状态,可通过电荷吸引力,与纤维的阴离子相结合。阳离子染料染聚丙烯腈纤维(腈纶)的日晒色牢度和皂洗色牢度均较高,是该品种纤维制品的专用染料,也可用于部分改性涤纶和锦纶的染色。

阳离子染料的主要缺点是上染速度太快,易导致染色不匀现象,染色过程中,一要严格控制升温速率,适当延长染料的吸尽时间,或同时加入适当助剂(如缓染剂 1227);二是选择合适的拼色染料,如各种染料的配伍性不一致,则上染速率各不相同,会产生竞染现象,影响得色和匀染性。所以,严格控制染料的上染过程,选择合理的拼色染料,是阳离子染料染色的关键。

二、染色用主要助剂和性能

(一) 染整用水

在染整加工过程中,水是染料及助剂最理想的溶剂和载体,是必不可少的生产资源。水质直接影响染整加工质量。染整用水一般需经过软化,除了要求无色、无臭、透明且 pH 值在 6.5~7.5,还要求达到表 2-3 给出的指标要求。

表 2-3　染整用水指标要求

项目	标准	项目	标准
总硬度 (按 $CaCO_3$ 的浓度计)	$<25\times10^{-6}$	铁	<0.1 mg/L
色泽	<10 度 (无浑浊悬浮固体)	锰	<0.1 mg/L
耗氧量	<10 mg/L	碱度 (以甲基橙为指示剂)	$(35\sim64)\times10^{-6}$
溶解的固体物质	$(65\sim150)\times10^{-6}$	pH 值	$6.5\sim7.5$

需要指出的是,在实际产生中,由于染整用水量很大,全部使用软水有一定难度,可根据加工产品的不同要求,使用不同品质的水。

(二) 硫、碱、酸

1. 硫酸

硫酸可作为强酸性染料及媒染染料的促染剂。采用强酸性染料及媒染染料染羊毛时,染料对羊毛的亲和力较小,上染率低。控制染液的 pH 值为 2~4,使羊毛中的氨基电离,形成更多正电荷,有利于羊毛对染料的吸附,起到促染作用。

2. 醋酸

醋酸可作为弱酸性染料、活性染料染蚕丝纤维的促染剂,也可作为阳离子染料的缓染剂,还可作为分散染料的稳定剂(常与醋酸钠混合使用,控制 pH 值为 5~6),或作为染色后的中和剂(调节织物的 pH 值为中性),或作为多种固色剂的助溶剂(提高固色效果)。

3. 纯碱

纯碱可作为软水剂,也可作为直接染料、硫化染料的助溶剂,还可作为活性染料染纤维素纤维的固色剂。

4. 烧碱

在印染前处理中,烧碱可作为棉布退浆、煮练及丝光用剂,或作为还原染料的还原剂。

5. 食盐

食盐常作为多种阴离子染料的促染剂,如直接染料、活性染料、弱酸性染料、还原染料等;或作为缓染剂,阳离子染料染腈纶时,食盐可以抢占染座,起到缓染作用,强酸性染料染羊毛时加入食盐同样起缓染作用。

需注意的是,食盐用量不宜过高,尤其对于聚集倾向大的染料,如直接染料等,染色浓度较高时,食盐浓度过高会导致染料过度聚集甚至沉淀,产生染色疵点。

6. 元明粉

其学名为硫酸钠,在染整加工中的用途与食盐基本相同。

(三) 还原剂

保险粉可作为还原染料的还原剂,其还原能力强,能够还原所有的还原染料。当染色色泽严重不符或色泽不匀无法修复时,通常剥色后进行复染。对于染整设备,更换加工颜色时,为防止沾色,可用保险粉剥色清洗。

(四) 氧化剂

常用的氧化剂有重铬酸钾、亚硝酸钠、过硼酸钠等,一般用于还原染料或可溶性还原染料的后处理。

(五) 助剂

1. 渗透剂 JFC

透明淡黄色黏稠液体,是非离子表面活性剂,水溶性好,能和阴离子、阳离子表面活性剂混用,具有优良的润湿、渗透及乳化能力,并有一定的净洗效果。

2. 扩散剂 NNO

又称扩散剂 N,呈米棕色粉末,其化学成分为亚甲基双萘磺酸盐,属阴离子型表面活性剂,易溶于水,1%水溶液的 pH 值为 7~9,耐酸、碱、盐及硬水,具有良好的扩散性能和保护胶体性能,且不会产生泡沫。广泛用于还原染料悬浮体轧染、隐色酸法染色、分散染料染色等,也可用于丝/毛交织物的染色,染整工业中主要用作分散剂及色淀制造时的扩散助剂。

3. 净洗剂 209

淡黄色胶状液体,具有较好的净洗、匀染、渗透和乳化性能,是良好的浸润剂和除垢剂。广泛用于动物纤维的染色和洗涤及棉织物的前处理过程,可赋予织物松软、滑爽的手感。

4. 匀染剂 1227

无色至淡黄色液体,属阳离子型,易溶于水,1%水溶液的 pH 值为 6~8,耐酸、盐和硬水,但不耐碱。匀染剂 1227 是阳离子染料的缓染、匀染剂,也可作为织物的柔软剂和抗静电剂,目前主要用作阳离子染料染腈纶的缓染剂。

5. 平平加 O

乳白色或米黄色软膏状物,属非离子型表面活性剂,易溶于水,对直接染料和还原染料有较高的亲和性,在染液中和染料结合成不十分稳定的聚合体,是一种缓染剂。由于它和染料的亲和力强,所以加过量的平平加O,在氢氧化钠和保险粉染浴中有剥色能力,故又可作为剥色剂,还可作为匀染剂、渗透剂、分散剂和乳化剂。

6. 无醛固色剂 CS-7

淡黄色黏稠液体,不含游离甲醛,也不会释放游离甲醛,符合环保要求,易溶于水,水分子中具有反应性基团,可以进一步提高固色效果,适用于活性、直接等染料的染色或印花的固色处理,对活性染料的固色效果尤佳。

三、染色质量控制

(一) 色偏

染色棉色偏的主要原因有打样误差、装笼数量不准、染色操作不当等。出厂染色棉色偏应控制在允许偏差内。

(二) 牢度

染色棉牢度差的主要原因有皂洗不充分、固色剂使用有问题。出厂染色棉的牢度应控在规定等级内。

(三) 回潮率

回潮率偏高时纤维湿涩,回潮率偏低则纤维干燥,都不利于纺纱。染色棉回潮率以控制在 8%~11% 为宜。

(四) 异色纤

有条件的染厂都有相对固定的生产线,如增白、漂白专线,黑色专线,彩色分别设有专线。无条件的染厂则在烘干机组换批时彻底清洁,在成包时设法拣捉异色纤。

四、棉散纤维染色

活性染料在棉散纤维浸渍染色中应用广泛,其色谱齐全、色泽鲜艳、价格低廉、匀染性好,而且操作简单方便。染色过程中,棉纤维经皂煮、酸碱作用和开松撕扯过程,纤维表面腊质受损,强力下降 10% 左右,短绒增加 10% 左右,棉结增多 10% 左右,均会对后道产生不利影响。因此,染色棉要选用 2 级左右、马克隆值适中、成熟度高的新疆棉。

在散纤维染色过程中,棉纤维在染缸内静止不动,染液凭借主泵的输送,不断地从染缸内层向外层在纤维间穿透循环,使染液在纤维中均匀上染。循环一段时间后,在接近中性的染液中添加元明粉,使染料尽可能均匀地附着在棉纤维上;当染料附着纤维接近平衡时,分次加入碱剂,逐渐提高染液 pH 值,加快染料和纤维的固色反应,使染料通过键合固着在纤维上,达到着色目的。

纤维染色后有大量浮色沾附于表面,需经皂洗和水煮等工艺去除,还需经固色处理,以改善纤维的色牢度、手感和可纺性。通过充分水洗、皂洗剂沸煮,可高效洗除纤维表面残留的大量水解及未反应的染料。皂洗时应加入少量螯合分散剂,既可净化水质,又能防止皂液中的浮色对纤维产生二次污染,从而改善染色牢度。深色棉宜采用中性皂洗剂进行一次皂煮,最初的水洗和皂洗对提高色牢度较明显,但随着水洗、皂洗次数的增加,已上染的染料易被破坏,并发生断键现象,对色牢度的改善效果会减弱。皂洗结束后,需用醋酸中和。此外,经前处理和染色,纤维表面的蜡质和脂类物质被破坏,手感变硬,在纺纱过程中易产生棉结和断头。因此,还需使用柔软剂(软片或硅油)、抗静电剂、小浴比上油浸渍处理等工艺,以改善纤维手感,提高色棉的可纺性能。

五、涤纶纤维染色

涤纶纤维的化学名称为聚对苯二甲酸乙二醇酯,纤维结构致密,结晶度高,多采用分散染料高温高压染色,上染率高,遮盖性好,染色后纤维手感柔软。可用高温高压染样机,纤维先润湿挤干待用,使用分散剂、渗透剂和少量冷水调匀,再加入磷酸二氢铵,并加水至总液量,纤维放入染液中,随后设备升温开始染色,调节升温速度及保温时间,染色完毕降温,取出纤维水洗、皂煮,最后水洗烘干。

涤纶散纤维染色,始染温度不能太高,升温速率不能太快,否则易造成染色不匀或色花。染色升温到 130 ℃后保温时间一般为 20～50 min,染浅色或染料上染快时,染色时间可短些;染深色或染料上染慢时,染色时间可长些。

总而言之,散纤维染色对纤维损伤大,可纺性能变差,染色牢度差,日久会褪色,尤其是染色中会产生大量废水和其他污染物,对生态环境有一定程度的破坏。色纺行业所使用的原料,将逐步转向天然色纤维和原液着色纤维。其中,原液着色纤维已逐步推广使用,如上海德福伦生产了几十种彩色涤纶,博拉彩虹也有几十种彩色黏胶纤维。普通黑色系列的涤纶已大量使用,使得纺厂的调色更有选择性,减少染色比例。染厂近年来围绕减少污染、节能减排等方面,摸索了一些新工艺,比如低温前处理工艺、阳离子染色工艺等。

由于染色后纤维强力及长度均有明显降低,且染色成本较高,废水、污水排放量较大,生产中,涤/棉混纺色纺纱线多采用更环保的原液着色涤纶短纤作为纺纱原料。本案中,根据实际生产需求,选用染色棉作为色纤维原料,为保证纱线品质,染色棉原料选用新疆棉。

一、有色纤维品种及用量核算

根据前期来样分析结果,确定初步配色方案:本色新疆棉/黑色新疆棉/本色涤(40/20/40),即总质量20%的棉纤维须进行染色加工。

根据客户订单5 000 kg的要求,结合本厂同类纱线生产情况,取制成率为1.2,则须经染色加工的棉纤维质量为5 000×20%×1.2＝1 200 kg。

二、染料及助剂的选用

考虑到染色对纤维性能的损伤,染色棉选用2级新疆棉,马克隆值适中。结合来样纱线需满足色牢度大于4级的质量要求,选取活性染料为活性黑EB-G、匀染剂为元明粉、固色剂为纯碱。

三、染色工艺及染色曲线

棉纤维染色工艺见表 2-4。染色工艺曲线见图 2-15。

表 2-4 棉纤维染色工艺

项目	条件
活性黑 EB-G 用量[%(owf]	8
元明粉用量(g/L)	80
纯碱用量(g/L)	25
上染温度(℃)	30
上染时间(min)	65
固色温度(℃)	60
固色时间(min)	95
浴比	1∶10

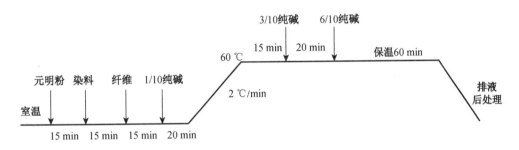

图 2-15 棉纤维染色工艺曲线

染色后处理工艺:染色→水洗→酸中和→高温皂洗(皂粉 2 g/L,98 ℃,20 min)→热水洗→冷水洗 2 道→烘干。

四、色牢度测试

参照 GB/T 3921—2008《纺织品 色牢度试验 耐皂洗色牢度》、GB/T 3922—2008《纺织品 色牢度试验 耐汗渍色牢度》、GB/T 3920—2008《纺织品 色牢度试验 耐摩擦色牢度》测定纤维色牢度。采用 DatacolorSF-600 测色配色仪测定 K/S 值。

表 2-5 棉纤维色牢度及 K/S 值测试结果

项目		测试结果	标准技术要求
耐皂洗色牢度	变色	4～5	4
	沾色	3～4	3～4
耐汗渍色牢度	变色	4～5	4
	沾色	3～4	3～4

（续表）

项目		测试结果	标准技术要求
耐摩擦色牢度	干摩	4～5	4
	湿摩	2～3	3(深色 2～3)
K/S 值		29.49	—

参照 FZ/T 12016—2014《涤与棉混纺色纺纱》的相关要求,已经达到优等品质量要求。

 课 外 拓 展

（1）试采用活性染料制定黏胶纤维染色工艺。
（2）试采用分散染料制定涤纶纤维染色工艺。

任务三　色纺纱配色与打样

 任 务 导 入

根据前期来样分析估算的色纤维比例,配成小样,快速试纺成纱并制成布样与来样对比色泽、色光,根据差异情况确认最终比例,最终制作的样品色泽、色光与来样一致并得到客户认可,以便后续大货工艺及生产的顺利实施。

 知 识 准 备

色纺纱是由不同颜色的色纤维经均匀混合纺制而成的色纱。色纺纱制成的面料具有色泽柔和丰满、层次感强的特点。色纺纱的配色其实和染色配色相似,只不过染色配色以染料为材料,其生产过程是化学过程;色纺纱配色是以色纤维为材料的物理过程。

如何提高配色准确性,减少色差,提高大货与小样之间的一致性,是保证色纱质量和降低成本的关健内容。

一、打样条件配置

（一）打样室配置

打样室一般须配备标准光源灯箱、光电分析天平(0.000 1 g)、精密电子秤(0.001 g)、10倍织物密度镜、小型倍捻机、袜机、横机、针织圆机、电吹风、布片切割机、甩干机、烘干机等。打样室主要配置见图 2-16。

（二）打样设备配置

为使打样机台的环境和大货一致,色纺企业的打样设备应安装在车间内统一管理,一般配置梳棉机两台,其中一台普通工艺,另一台点子工艺;并条、粗纱、络筒、倍捻机各一台,细

纱短车或多功能小样机三台以上,便于更改 AB 纱、段彩纱等特殊品种工艺。具体配置根据企业实际需求而定。

（三）样品库

色纺企业建立样品库,将以往的生产资料留存,对于企业快速响应并保质保量地完成订单具有十分重要的意义。有条件的企业建有专门的样品库,由专人管理。也可在打样室内建样品陈列柜。样品库环境要干燥避晒,分品种、分色系留样,明确专人保管建档。

二、配色与打样

近年来,色纺行业打样配色人才十分紧缺,可谓凤毛麟角、一才难求,岗位待遇也日益上涨。高水平、高层次的色纺打样人员需要具备工匠精神,熟悉"色"和"纺",有一定的色彩知识。除了在市场上接单、抢单时需用打样技术外,产品开发也离不开打样技术。色纺打样人员很多身兼产品开发职能。色纺产品开发要将色彩、艺术、纺纱技术三者有机结合。具有色彩知识和工艺创作能力,才能产生好的色纺产品构思。有了好的构思,还必需运用打样方法进行小样尝试。从构思到产品形成过程中的反复改进,则需要打样技术支撑,以降低成本。

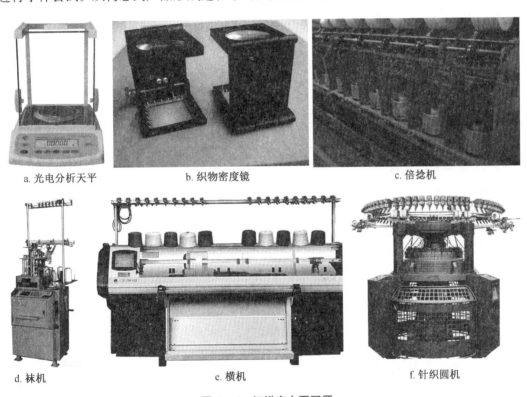

a. 光电分析天平　　　　b. 织物密度镜　　　　　c. 倍捻机

d. 袜机　　　　　e. 横机　　　　　f. 针织圆机

图 2-16　打样室主要配置

生产中,色纺纱配色一般采用来样分析的方法。通过分色称重法、显微镜法、混纺比法、目测估算法、电脑扫描法,分析出来样由几种颜色的色棉和原棉组成,各种色棉、原棉的所占比例分别是多少,再选择色棉,同时保证所选色棉的色光和来样色光一致。由于所选色棉或染出来的色棉不可能与来样中的色棉一模一样,所以需要试纺打样,根据打出来的小样与标样对照,调整相应的色比,以获得较好的配色效果。

(一) 标准色纤维体系的建立

色纺纱配色要建立标准色纤维体系,配色过程采用互补的方式,减少色纤维种类,便于大货生产,同时能快速反应,用现有色纤维配色,缩短"分析→染色→打样"的过程,满足客户快速交货的要求。注意:尽量避免选用同色异谱纤维(俗称"跳灯")。

一般将色纤维分为六个色素,分别为黑色系列、蓝色系列、咖啡色系列、红紫色系列、绿色系列和黄色系列。

(1) 黑色系列分为红光、青光、黄光 3 种。

(2) 蓝色系列分为中深色和中浅色,其中中深色一般有 6~9 种,中浅色一般有 4~6 种。

(3) 咖啡色系列分为中深色和中浅色,其中中深色一般有 5~8 种,中浅色一般有 6~9 种。

(4) 红紫色系列分为中深色和中浅色,其中中深色一般有 5~8 种,中浅色一般有 4~6 种。

(5) 绿色系列分为中深色和中浅色,其中中深色一般有 5~8 种,中浅色一般有 3~4 种。

(6) 黄色系列分为 4 种。

(二) 标准色纤维体系的应用

根据客户要求选择深中浅配色。一般深色纤维与浅色纤维搭配,花灰立体感较强;或用深色纤维以任意比例与原白纤维混合,纺出很浅到中等深度甚至全色谱纱线。色系深浅相近配色则呈现单色光。配色时根据样品要求选择一个标准色为主色,再配 2~3 个色,用补色方式调整各种色纤维之间或原白纤维的用量,纺成纱并与来样对比。标准色的选择应灵活,一般选择比较深的颜色为标准色,避免单色调色,防止后续染色差异而无法调整色光。

(三) 颜色确认步骤

色纺纱打样颜色的确认一般遵循以下步骤:

分析来样成分及颜色组成→估算颜色比例→配成 5 g 小样→快速试纺成纱或织成布样,与来样对比色泽、色光,根据差异情况确定最终比例。

在这个过程中,应注意以下内容:

(1) 如果是自行开发的新花色品种,就按照设计工艺配色比例直接选取所需纤维进行配色。

(2) 若是客户来样,必须读懂订单要求,确定原料成分(如 T/C 或 C 或 R 等)、纱支及后道织造要求,根据质量要求选择配棉。如果来样是布片,必须弄清面料是否经后道漂白、增白处理,同时分析布面风格,确定工艺方案是普通工艺还是特殊工艺,选择可行性工艺方案。打样的目的是大货生产满足客户要求,不能为打样而打样。

(3) 首先进行色纤维选择分析,一般将布片或纱分解为散纤维,采用放大镜目测分析法,分析其共有几种色纤维色光,不能只看整体色光,因为色纤维色光互补,易造成配色差异。

(4) 通过目测估算法,估计各种色纤维与原白纤维之间的比例。

三、色纺纱打样技术

色纺纱打样就是对照客户来样做出小样的过程,即用少量的原料试制样品的过程。与传统的本色纺不同,打样是色纺纱最关键的核心技术之一。来样一般是样纱或样布,也可以是按照业内通用色卡指定的色号。试制的样品有两个用途:一是送给客户,即送样,作为确认是否可以下单的样品,样品可以是纱样,也可以是布样,近年的趋势是以布样为主;二是生产企业自留,即标样,作为大货生产过程中质量控制和成品质量检测评定的标准依据。

(一) 打样的基本要求

根据长期的生产实践,色纺纱打样主要应满足以下要求:

(1) 准确性。送样应符合来样要求,送样与来样的颜色很难绝对相同,但要很接近。打样是色纺纱生产的先决性环节。如果送样与来样的颜色差异较大,客户不确认,则不会有生产订单。

(2) 一致性。送样要与批量生产的产品风格基本一致。送样也是客户评定最终产品的一个检验标准,与送样不同的产品,客户是不会接受的。也就是说,要通过打样确定合适的纺纱工艺,保证批量生产出来的产品符合要求。只能打出小样但不能批量生产,是没有意义的。

(3) 快速反应。打样不能花费很长的时间,要做到快捷送样和确定批量生产工艺,因为色纺纱生产要求抢速度、抢订单,这源于激烈的市场竞争需求。色纺纱的主要用途是服饰,设计师通过领、袖等局部彩色变换或整体改变来满足人们追新逐异的时尚需求。时装因时、因地、因季而千变万化,这决定了色纺纱小品种、多批量、快交货的需求特点,不能快速反应的企业将被市场淘汰。

(4) 低成本。打样不同于传统本色纱的试纺,应避免影响正常生产。每次耗用几十千克或几百千克的色纺原料完成一个色纺品种的打样,这对于小品种、多批量的色纺生产是巨大的成本浪费,也无法满足快速反应的市场需求。色纺打样控制成本的关键是控制打样用棉量,因为色纺原料的成本较高。其中色纤维染色成本较高,如棉纤维的染色费约每吨0.8万元。撕碎的精梳棉条或梳棉条作为色纺原料使用,成本高于原棉。涉及色纺打样成本的另一个关键因素是打样成功率。打样一般很难一次成功,需多次反复才能接近来样,每次反复都意味着原料浪费。要降低成本,就要减少打样次数,提高成功率。总之,色纺打样既要快,又要准,还要省。

(二) 打样的常用方法

打样是色纺特有的核心技术,做出的样品一是送样给客户确认,争取订单;二是企业留存,用于接单后制定大生产工艺和质量控制。送样要在约定光源下与来样的色相、明度和彩度相符。另外,打样是产品开发的需求,色纺打样不仅要准确,还要快速且低成本,否则企业很难获得市场订单和取得利润。打样方法有微样法、小样法和大样法等,其工艺方法、设备装置、技术要点、打样速度、出样情况等,有不同的特点和适用范围。生产中,应依照具体情况灵活选用并合理搭配应用,以取得良好的打样效果,满足色纺纱质量要求。

1. 微样法

微样法是指用总量不足 1 g 的纤维原料制作色纺小样的方法。例如,使用光电分析天平称取 50 mg 各组分纤维,其中深蓝 40%、浅蓝 20%、白棉 40%,则深蓝 $50 \times 40\% = 20$ mg,浅蓝 $50 \times 20\% = 10$ mg,白棉 $50 \times 40\% = 20$ mg。借用原棉长度手工检测时常用的手扯法整理纤维,将根据来样分析预定配比的几种微量纤维反复手扯(抽取重叠),理顺并混合纤维,将多色纤维混合均匀,与来样对比找出颜色差异方向,调整配比后再手扯理顺并混合对比。如此反复数次,初步预测出符合来样要求的配比。这是快速预测色比的基础方法。出小样时,应在微量手扯法基础上,原白色增加 2‰～3‰。不同性能的纤维组分手扯混合时,要剪断再手扯分析。组分不同,纤维长度不同,加捻时长纤维易先扯出,影响色光判断。

微样法也可采用传统的纤维长度分析仪上的纤维引伸器制作小样棉条,其工作原理如图 2-17 所示。按预定配比精确称取微量原料,将其手工预混、铺层后喂入喂棉罗拉。棉层经过两对罗拉胶辊的牵伸后变稀变薄,经输出罗拉输出,一层一层地缠绕并合在绒辊表面形成棉环,将其从绒辊圆周上的某处拉断并剥取铺展,形成一小段棉条。将棉条重新喂入引伸器,经上述过程再次形成棉条。如此循环数次,制成混色均匀的棉条,将其喂

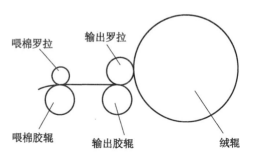

图 2-17　纤维引伸器的工作原理

入去掉绒辊的引伸器,经牵伸输出细棉条,手工加上适当的捻度,制成粗纱条。最后将粗纱条喂入细纱机,纺成微量色纺细纱。

2. 小样法

小样法是指用总量 100～200 g 的纤维原料纺纱织布的方法。相比于微样法,小样法的工艺过程比较接近批量生产,手工将纤维原料混合扯碎,并经梳棉、并条、粗纱、细纱、并线、织布等环节。手工扯混相当于清棉工序,梳棉根据普通纱还是点子纱分别选择梳棉车位,并条根据经验值并合成一定长度的熟条,之后经粗纱、细纱纺出样纱。小型针织圆机上织成A4 纸大小的布样。因每个人的辨色有很大差异,一般出 3 个样品供客户选择。根据客户要求提供布片或纱筒,布片最好是水洗和未水洗各一份,确定工艺方案。最终依据客户确认样出中样或大货。

3. 大样法

大样法俗称为做先锋样,是指用总量为几十千克的纤维原料纺纱织布的方法。大样法基本等同于批量生产。对于开清棉工序,几十千克的原料不适合抓棉机投料。色纺的做法是在开清棉流程的中途插喂,比如从 A092 型棉箱后部喂料,向水平帘投料,再经成卷机做成棉卷。之后的梳、并、粗、细与大生产完全一样。纺成的纱线可采用针织圆机织成布。需要说明的是,虽然大样法投料为几十千克,但经梳棉或并条后,只需抽取其中的少量熟条纺纱织布,其余熟条要通过合适的方式用于之后的批量生产,这样可降低打样原料成本。大样法并非要打出大量的样品,其目的是用最接近批量生产的方式获取最接近批量生产风格的样品和相关工艺数据。

微样法、小样法、大样法各有千秋,需合理运用。微样法的特点是成本低,可快速出样,主要用于对色,比对确认颜色,适用于常规品种和与老客户对接下单。对于非常规品种或新客户,仅运用微样法可能是不合适的,一般来说,比对样品越小则准确性越低。小样法的特点是相比于微样法用料多、工作量大些、打样速度慢些,但准确性高很多,是目前应用最多的

方式。小样法可建立在微样法的基础上,即先用微样法测得原料配比,再用小样法调试出样,这样可节约成本和加快速度。大样法的特点是用料多、工作量大、速度慢,但准确性更高,因为样品制作过程更接近批量生产,适用于新品开发、困难品种攻关和产品工艺研究,相当于投料生产前试纺。三种方法要根据需要灵活选用或搭配使用。对于没有经验把握的订单,可先用微样法初步判定原料配比,再用小样法细调;对于有经验有把握的订单,可直接选用小样法;对于色彩风格要求高、难度大的品种,投入生产前需先做先锋样。

四、生产中色纺配色与打样的常见问题

（1）打样调色是色纺纱生产的核心技术,而调色的基础是色纤维的建立。以此为基础进行配色工作。

（2）打样并做出样品给客户确认争取订单,同时要做好企业样品留存工作,用于接单后制定大货生产工艺和质量控制方法。

（3）在与客户约定光源下与来样对比色相、明度、彩度。

（4）打样要结合生产实际,不仅要准确,还要快速,降低成本,根据要求选择微样法、小样法和大样法。配色方案及上车工艺技术要点等,要切实可行,灵活选用,合理搭配,从而取得良好的打样效果,满足色纺纱质量要求。

（5）可以根据实际产量和后续订单情况,调整各种色棉的合理库存,接到订单后不需要等待染色,且减少色纤维批差,可直接安排纺纱生产准备,从而缩短生产时间,提高准时交单率。

任务实施

一、客户来样主要参数确定

根据前期来样分析结果,客户来样主要参数分析结果见表2-6。

表2-6　客户来样主要参数

项目	品种	规格	捻向	捻度	混纺比	色纤维比例	混棉方式
内容	普通环锭纺	14.6 tex	Z捻	81.5捻/(10 cm)	JC/T (60/40)	本色新疆棉/黑色新疆棉/本色涤纶/(40/20/40)	纵向混棉

由于本案中本色纤维为棉和涤纶,无法在开清棉工序混合,因而采取黑棉与本色棉在开清棉工序混合,制条后与本色涤纶条在并条工序混合。

二、打样

根据上述配色及混棉分析,采用小样法制备客户送样。取纤维总量200 g(以下质量均为干重),其中本色新疆棉80 g、黑色新疆棉40 g、本色涤纶80 g。

1. 梳棉

采用梳棉小样机将 80 g 本色涤纶制成定量为 20 g/(5 m)的梳棉生条,均匀分成两组待用。

将本色新疆棉 80 g 与黑色新疆棉 40 g 手工撕扯混合,尽量做到混合均匀,采用梳棉小样机将 120 g 混色棉制成定量为 20 g/(5 m)的梳棉生条,均匀分成三组待用。

2. 并条

并条采用三道,将色纤维充分均匀混合。一并工序将两组涤纶条和三组混色棉条混合,牵伸倍数取 5.5～6.0。半熟条再经历二并和末并,并合根数取 6,牵伸倍数取 6.2～6.5,最终修正熟条定量为 16.2 g/(5 m)。

3. 粗纱

粗纱工序取粗纱定量为 4.0 g/(10 m),粗纱捻系数为 90,将熟条纺制成粗纱。

4. 细纱

取细纱干定量为 1.39 g/(100 m),细纱捻系数为 310,纺制细纱。

5. 布样制作

采用小型针织圆机依据客户来样参数织制样布,做成 A4 纸大小的布样,出 A、B 或 C 样,水洗布、未水洗布各一份用于送样和留存。

需要注意的是,打样过程通常不能一蹴而就,依据客户来样,工厂应快速做出反应,打样过程中应及时发现并调整色偏。当样纱织制的样布与客户来样存在色差时,应及时调整色纤维比例,重新打样,确保最终送样得到客户认可。

本案中最终修正色纤维比例为本色新疆棉/黑色新疆棉/本色涤 39.5/20.5/40,纱线色泽与色光符合客户来样要求。

(1) 试比较色纺纱生产中相同混纺原料、不同混棉方式导致的纱线色彩差异,并描述其特征。

(2) 试在生活中寻找 2～3 个品种的麻灰纱产品,分析其原料构成、配色方案及混棉方法。

任务四　生产计划制定

将前期打样结果送客户确认后,制定生产计划,确定品种指标、生产周期、设备机台、生产产量等,确保按质按量完成订单要求。

知 识 准 备

生产计划是企业根据订单,为了在计划期内达到客户要求的产品的品质、质量、产量和产值等指标而制定的生产进度安排,也是企业编制物资、供应、财务、劳动等计划的依据。纺纱企业生产计划制定要充分利用企业生产能力,深入挖掘企业生产潜力,对各种生产要素进行统筹安排,以优化资源配置,达到企业利益最大化。

纺纱企业生产计划工作主要包括生产能力的核定、生产计划的制定和生产作业计划的编制等内容,即企业在整个计划期内生产什么、生产多少、如何生产、什么时候出产等。生产计划制定主要取决于企业的生产能力,在制定计划前要对企业自身的生产能力进行核定。

一、生产计划的主要指标

生产指标是企业生产计划的中心内容,编制生产计划的过程也是确定生产指标的过程,纺纱企业生产计划的主要指标有产品品种指标、产品质量指标、产品产量指标和产品出产期等,它们各有不同的经济内容,从不同的侧面反映了企业在计划期内对纺纱生产活动的要求。

(一) 产品品种指标

指企业在计划期内生产的纱线品种、规格和需求量等信息。产品品种指标能够在一定程度上反映企业适应市场的能力,反映企业的专业化水平、技术水平和管理水平。一般来说,纱线品种越多,越能满足不同客户的要求,但品种过多会分散企业的生产能力,加大管理难度,难以形成规模优势。因此,企业应综合考虑,合理确定产品品种指标,努力发展新品种并加快产品更新换代,满足市场需求。

(二) 产品质量指标

指企业在计划期内生产的纱线应达到的质量标准,一般以订单销售合同或售买双方一致认同的质量标准为依据。产品质量指标应包括两大类:一类是反映纱线内在质量的指标,反映纱线平均技术性能和质量,如纱线强度、强度变异系数、条干 CV 值等;另一类是反映纱线在生产过程中工作质量的指标,如损失率、废品率等。

(三) 产品产量指标

指企业在计划期内应当生产的可供销售的纱线产品的实物数量。产品产量指标常用实物指标表示,如细纱机产量用 kg/(千锭·h)表示。产品产量指标是反映企业在一定时期内向社会提供的产品数量及企业生产发展水平的一个重要指标,它是企业进行产销平衡、物资平衡工作的依据,是企业计算和分析实物劳动生产率、原材料消耗、成本利润水平等指标的基础,也是编制生产作业计划、组织日常生产的重要依据。

(四) 产值指标

产值指标是企业生产成果的价值体现,是用价格表示的价值量指标,分为商品产值、总产值和净产值三种。

1. 商品产值

商品产值指企业在计划期内应当生产的可供销售的产品价值,一般按现行价格计算:

商品产值＝自备原材料生产的成品价值＋外销半成品价值＋对外承做的公益性劳务价值＋用订货者来料生产产品的加工价值

2. 总产值

总产值是用价值形式表现的企业在计划期内应该完成的工作总量。它一般按不变价格计算，以消除各个时期价格变动的影响，保证不同时期总产值资料的可比性。总产值指标反映一定时期内企业生产总的规模和水平，是计算企业生产发展速度及劳动生产率指标的重要依据。总产值包括在制品、半成品的期末和期初结存量差额的价值，以及订货者来料的价值：

总产值＝商品产值＋(期末在制品、半成品、自制工具、模型的价值—期初在制品、半成品、自制工具、模型的价值)＋订货者来料的价值

总产值指标虽然受产品中转移价值比重的影响，不能正确反映企业生产成果。但是在计算企业生产发展速度和劳动生产率等指标时，仍以总产值为依据。

3. 净产值

净产值表明企业在计划期内新创造的价值，是从总产值中扣除各种物资消耗的价值以后的余额，一般按现行价格计算。利用这一指标反映企业生产成果时，可以避免受转移价值的影响。但是，新创造的价值仍受到价格的影响。

净产值＝总产值—各种物资消耗的价值
＝工资＋税金＋利润＋其他属于国民收入初次分配性质的费用支出

二、生产计划指标的确定

生产计划指标对企业生产具有导向作用，所以必须符合客观实际，凡是采取有效技术组织措施，经过广大员工的共同努力才能达到的指标，才是切合实际的好指标，而广大员工经过极大努力仍不能达到或不经过努力即能轻松完成的指标，则不能称为好指标。所以，确定生产计划指标时要认真进行调查研究，采用定量分析方法并组织好各方面的平衡。

(一) 认真进行调查研究

要摸清企业内部和外部情况，了解并掌握市场需要和企业生产能力，力求做到以销定产。企业外部情况主要指市场对企业产品的需要和物资供应情况。企业内部情况主要是企业内部的各种生产条件。要了解和分析上期计划完成情况；根据已接合同的销售预测，分析品种结构变化对单位产品平均产值及设备、工种负荷的影响；要具体掌握计划期内企业生产能力、技术能力和劳动力等情况。

(二) 采用定量分析方法

要为生产决策寻求一个有效的数量解，使拟订的生产计划指标优化。把定量分析与定性分析良好地结合在一起，才能正确地确定生产计划指标。

(三) 做好各方面的平衡

要以生产指标为中心，与有关各方面进行平衡，做到综合考虑、统筹兼顾。

(1) 生产指标与生产能力之间的平衡。要计算主要设备可提供的生产能力，再与品种、产量指标所需的生产能力进行比较，以反映两者的平衡状况和设备负荷情况。

（2）生产指标与生产技术准备能力、劳动力、原材料、纺专器材供应之间的平衡。生产计划指标中既有老品种的改进任务，又有新品种的试制任务，必须考虑生产技术准备方面的可能。如果生产任务大于生产技术准备能力，要采取各种措施压缩生产技术准备周期，但绝不能以损失工作质量来压缩工作周期。在劳动力方面，主要测算现有劳动力数量、劳动生产率水平与各季度、各基本生产车间的生产任务是否相适应，可根据品种、产量指标对关键车间、关键工种进行平衡。在物资供应方面，主要根据已订货情况，预测原材料供应保证的可能性，对存在的物资缺口，应及时采取措施，力求同品种产量指标平衡。

（3）生产指标与利润、成本、资金指标之间的平衡。既要保证达到生产指标水平，又要保证达到利润指标水平。当下达的品种产量指标中结构有变化，如利润大的品种产量减少、利润小的品种产量增加时，往往会出现与利润指标的矛盾。企业要追求利润最大化，一方面要降低成本，另一方面要设法增加适销对路的产品产量，以增加利润。

三、生产作业计划及其制定

（一）生产作业计划

在确定年度生产计划的基础上，必须把全年的生产任务安排到各个季度、各个月份，并且安排各类品种、规格的产品的生产次序。由于受到市场波动的影响，短期的生产作业计划才是企业组织日常生产活动的主要形式。纺织企业惯用的生产作业计划是指生产日历进度计划或月度生产作业计划，是根据企业年度生产计划规定的生产任务，同时考虑到生产发展变化的实际情况，具体规定企业内部各个生产环节（车间、工段、小组、工作地）在单位时间（月、旬、周、日、轮班）内的生产任务。

生产作业计划有两个特点：一是计划时间比较短，一般为一个月，也可以短到每天、每个轮班，甚至在流水线上可以具体到每个小时；二是计划非常具体，它把企业生产计划任务按月、日、班，具体合理地分配到车间、工序、班组和个人工作地，使各个生产环节相互衔接、密切配合、协同动作，使每个职工都有明确的行动计划和奋斗目标，从而保证企业能够按品种、质量、数量和期限，均衡、全面地完成生产计划任务。

（二）厂级对车间生产任务的分配方法

厂级安排车间生产任务的方法，随着车间组织形式和生产类型的不同而不同。纺织厂生产车间之间一般按工艺专业化原则进行组织，各车间之间存在依次提供半成品的关系，规定各车间投入和生产任务时，要按工艺过程的反方向顺序进行，其具体方法又因生产类型不同各异。大量大批生产采用在制品定额法，成批生产采用累计编号法，单件小批量生产采用生产周期法。安排特殊半成品生产车间的生产任务，可采用订货点法。

1. 在制品定额法

在制品定额法是根据预先制定的在制品数量标准，即以在制品、半成品定额为主要依据，规定车间任务的方法，它适用于大量大批生产。这种方法的特点是只要保持在制品定额水平，就能保证各车间之间的协调和衔接，其计算公式如下：

某车间出产量＝后车间投入量＋该车间半成品计划外销量＋（车间之间库存半成品占用定额－期初预计半成品库存数量）

某车间投入量＝本车间生产量＋本车间计划允许废品数＋（本车间内部半制品定额－
    本车间计划期初预计在制品数量）

其中：最后车间的出产量和各个车间的半成品计划外销量，根据企业所接订货合同的要求确定；车间计划允许废品数，按计划规定的废品率计算。

运用上述公式，根据年度分季、分月产品出产进度计划的要求，先规定最后车间的投入量，然后依次规定前面车间的出产量和投入量。

2. 累计编号法

累计编号法也称为提前期法，是根据预先制定的提前期标准，规定各车间出产和投入应达到的累计号数的方法。这种方法将预先制定的提前期转化为提前量，确定各车间计划应达到的投入和出产的累计数，减去计划期之前已投入和出产的累计数，求得各车间应完成的投入和出产数。采用这种方法，生产的产品必须实行累计编号。

累计编号法只适用于需求稳定而均匀、周期性轮番生产的产品。累计编号是指从开始生产这种产品起，按照产品出产的先后顺序，为每件产品编上一个累计号码。在同一时间上，产品在某一生产环节上的累计号数，同成品出产累计号数相比所相差的号数叫提前量（提前量＝提前期×平均日产量），它的大小和提前期成正比。累计编号法据此确定提前量的大小。

累计编号法一般遵循以下三个步骤：

（1）计算各车间在计划期末产品出产和投入应达到的累计号数。

某车间投入累计号数＝成品出产累计号数＋该车间投入提前期定额×成品的平均日产量
    ＝成品出产累计号数＋该车间投入提前量

某车间出产累计号数＝成品出产累计号数＋该车间出产提前期定额×成品的平均日产量
    ＝产品出产累计号数＋出产提前量

（2）计算各车间在计划期内应完成的投入量和出产量。

计划期车间投入量＝计划期末投入的累计号数－计划期初已投入的累计号数
计划期车间出产量＝计划期末出产的累计号数－计划期初已生产的累计号数

（3）对根据上市计算出的投入量和出产量，按产品批量进行修正，使车间出产或投入的数量相等或成整数倍关系。

采用累计编号法安排车间生产任务的优点如下：

（1）可以同时计算各车间任务，故而加快了计划编制速度。

（2）由于生产任务用累计号数表示，所以不必预计期初在制品的结存量，这样可以简化计划的编制工作。

（3）由于同一产品所有半制品属于同一累计编号，所以只要每个生产环节的生产或投入达到计划规定的累计号数，就能有效保证最终产品的成套性，防止产品前后之间不成套或投料过多等现象。

3. 生产周期法

生产周期法是根据预先制定的每类产品中代表产品的生产周期标准和各项订货的交货

日期的要求,规定各车间投入、产出任务的方法。它适用于单件小批量生产,在纺织企业中,特别适用于小批量品种的翻改和交货。在此条件下,产品品种很多,每种产品数量很少,而且大部分根据用户的订货要求进行生产,所以各种产品很少重复生产。

应用生产周期法确定各车间生产任务的步骤如下:

(1) 根据各订货合同规定的交货日期及事先编制的生产周期标准,制定各品种的生产周期表。如在生产量一定的前提下,确定某品种经过某工序的时间。

(2) 根据各种产品的生产周期图表,编制全厂各工序各种产品投入、产出综合进度计划表。把每项订货安排都集中到综合进度计划表内,可以协调各种产品的生产进度和平衡车间的生产能力。通过编制综合进度计划,把各种产品在各个加工阶段的投入生产日期确定后,即可根据生产周期图表,确定各部件投入生产日期。在安排车间生产任务时,只要在综合进度计划中摘录属于该车间的当月应该投入和生产的任务,再加上上月结转的任务和临时承担的任务,就可以得出该车间当月的生产任务。

4. 订货点法

订货点法适用于安排特殊半成品车间的任务。由于各个时期对特殊产品的需求量不稳定,且特殊产品的半制品需求量一般较小,为了提高劳动生产率,通常要为每种特殊半成品规定合理的批量,一次集中生产一批,等到其库存储备量减少到"订货点"时,再提出制造下一批的任务。这种方法称为订货点法,每个订货点的每批半制品产量计算公式如下:

$$某批半制品订货点数量=后部平均每日需求量×订货周期+保险储备量$$

5. 订货单法

订货单法又称为以销定产法,是按已接订货单和预计订货单安排生产任务,它适用于产品生产周期短、品种多、客户要货急、订货数量少的情况。在买方市场情况下,市场竞争激烈,客户处于中心地位,拥有主动权。客户往往什么时候需要,什么时候才来电或发出订单,而且数量少、品种多、交货急。订货单法强调计划是销售的后勤,满足销售的需要,以销定产。无销售的生产是无效的生产,销不出的产品是无效的产品。

订货单法一般以年度生产计划作为总目标,月度计划作为近期目标,着重编制旬(周)生产作业计划。编制计划的主要依据是已经接到的订单、销售人员每天巡访客户反馈的当旬(周)需求信息、上月销售情况、上年同期销售情况、当前库存和生产能力等。厂部根据订单要求、销售动态和库存,分品种编制旬(周)计划任务并分配给各有关车间,各车间以此编制本车间的生产作业计划。为了降低单位产品的成本和费用,减少流动资金占用,合理组织生产,提高产销率,在编制作业计划时,可以采用 ABC 分类管理法。对于需求量很少的产品,可根据预计需求库存控制上限,一次集中生产;对于月需求量较大的产品,可采用分批轮番生产。

(三) 车间内部分配生产任务的方法

1. 车间分配工段(小组)生产任务的方法

对于按工艺专业化原则组织起来的工段(小组),车间要按照工艺过程的反顺序,根据不同生产类型和生产稳定程度,选择使用"在制品定额法"和"生产周期法",在负荷平衡和考虑生产准备工作的情况下,分配各工段(小组)的生产任务。

对于按零部件对象为专业化原则组织起来的工段(小组),如果生产任务和生产能力相适应,可以按原有的分工,把各工段(小组)分别承担的生产任务直接分配下去。在实际工作中,有些产品的个别工序需要别的工段(小组)协作完成,此时,车间要注意组织好这些跨工段(小组)的产品在有关工段(小组)之间的流转,做到品种、数量、期限和协作工序方面紧密衔接。

2. 工序分配一线操作工人生产任务的方法

(1)标准计划法。在大批大量生产小组中,每个工序和每个操作工人做执行的工序比较少,而且是固定的。在这种情况下,各个工序的计划可以编制成标准计划指示图表(或称正常计划指示图表)。标准计划指示图表就是把工序所加工的各种制品的投产及产出顺序、期限和数量,以及各个工作机台加工的不同制品的次序、期限和数量,全部制成标准计划,并固定下来。可见,标准计划就是标准化的生产作业计划。有了标准计划,就可以有计划地做好生产前的各项准备工作,严格按照计划安排生产活动,不必每天编制计划,而只需每月对生产任务做适当调整。

(2)日常分配法。这种方法适用于单件小批量生产的车间,在一些生产不太稳定的单件小批量生产的工段(小组),由于变化因素较多,难以预先做较长时间的安排。计划员要根据生产任务的要求和各种设备的实际负荷情况,每天给车间安排生产任务。采用日常分配法,一般采用任务分配箱或分配工板的形式,以掌握全车间(工段)的生产进度。

 任 务 实 施

生产部门根据品种信息,将生产计划上报系统,待生产主管、质量主管审核通过后,方可执行生产计划。

	品种生产计划单审批(编辑)					⊠ 关闭
计划编号:	SJH160204-008					
计划类型:	订单 ▾					
日期:	2018-5-20					
车间:	纺纱二厂 ▾					
营销员:	王林	客户:	孚日集团股份有限公司 ▾			
插入品种:	14.6tex JC/T（60/40）			▾		
合同编号:	▾					
数量(吨):	5.00	浮动数量:± 0.000				
交期:	2018-5-28 ▦					
包装要求:	蛇皮包装 ▾	+单纸板				
品质要求:	兵团机采棉,针织纱					
质量指标:					(质量主管填写)	
车台安排:	在线品种,追加数量					
您改	产品名称		数量(吨)		备注	删除
备注:	{32000}					
发送数据						

（1）对本地纺纱企业进行调研，分析并比较不同纱线品种生产计划制定的异同点。

（2）分析色纺纱产品的生产设备要求和生产管理要求。

任务五　色纺纱工艺设计与实施

根据该订单生产计划要求，以前期打样技术资料为基础，选取合适的工艺流程和纺纱设备，制定合理的生产工艺并组织实施生产，做好生产过程调控管理，做好产品质量监测与改进，确保纺制纱线产品符合客户质量要求。

一、色纺纱生产工艺要点

由于色纺纱用不同色泽与不同性能的纤维原料搭配混合纺纱，如何达到混合均匀、色泽鲜艳、色牢度高，且纱条粗细均匀、毛羽少、疵点少而小的要求，技术上是有难度的。

（一）主要技术难点

（1）色纺纱的批量小、品种多、变化大，往往一个车间要同时生产不同混配比的多种色纺纱，翻改频繁，如稍有疏忽，批号混杂，就会产生大面积的疵品，故对车间现场管理，尤其是分批、分色管理，提出了更高的要求。

（2）同一批号即同一混配比色纺纱，在有色原料换批后要保持色泽色光一致，技术难度较大。

（二）主要技术要点

根据色纺企业多年生产实践，要保持色纺纱的质量稳定，必须从原料选配开始精心设计，优化工艺，严格并细化管理，道道把关。

1. 原棉染色要重视

根据企业生产实践，目前纯棉色纺纱的线密度一般在 14.6 tex（40^S）以下，多数为 16.1 tex（30^S）左右，纺纱线密度适中。为使染色后的原棉保持一定弹性，并使强力损失减小，选用原棉细度要适中（5 400～5 600 Nm），成熟度要高（1.6～1.8），含杂要少。细度细的棉花染色后，在纺纱加工中易断裂和产生棉结。同时，在染料选配方面，既要提高染色牢度，又要使染色后纤维保持一定的弹性与摩擦因数，故原棉染色中要加入适量的助剂与油剂。目前，原棉染色有两种方法：一种是原棉未经处理即染色；另一种是原棉先经清、梳、精梳工艺处理，采用棉条（网）染色。

2. 混棉方法要科学

色纺纱采用两种以上色纤维混合纺纱,如何使一根纱线上段与段之间的色泽一致,取决于混棉均匀性。目前,色纺纱混棉方法大多是设立混棉工序,按配棉比例,将不同成分原料排入盘中进行混棉。混棉之前对原料以油剂处理,已成为色纺工艺是否良好的重要环节。

混棉方式有开清棉机上的棉包(棉堆)混棉与并条机上的棉条混棉两种;前者习惯称"立体混棉",使各种色泽纤维分布在纱线的各个部位;后者称"纵向混棉",把本白棉条与有色棉条按一定混比搭配制条。目前,大型色纺企业多采用"立体混棉",在前道设立专门的混花工序,将各种成分原料按配比称重,排进抓棉机进行混棉。"纵向混棉"得到的纱线纵向存在色彩差异而产生独特的混色效果,其面料表面形成特殊的犹如云朵的花纹,故而被称为"云斑纱"。纺化纤色纺纱或彩色纱时,由于化纤不含杂质,各种化纤可按比例在开清棉工序用棉包和棉堆混棉方法。纺涤/棉混纺色纺纱时,当混用原棉比例较高时,由于棉花内含有杂质及短绒,而化纤不含杂质,应采用不同清棉工艺处理单独成卷,在并条工序按比例混合成条。当涤/棉混纺色纺纱以原棉为主体,混用少量有色化纤时,可采用清棉工序棉包混棉方法,无需单独成卷与制条。

3. 纺纱工艺要优化

由于色纺纱尤其是以原棉为主体的色纺纱,棉花通过染色后,纤维的强力、弹性均有一定损失,纺纱时各道工序要按照色棉的特性设计。由于色纺纱的批量较小,品种变换频繁,清梳工序采用清梳联工艺不完全适用。目前,色纺纱企业多数采用清花与梳棉的传统纺纱工艺。为便于小批量、多品种生产,清棉机械最好采用单头成套的组合排列。纺色纺纱时,梳棉、并条、粗纱、精梳工序宜采用轻定量、慢车速、好转移的纺纱工艺,一般掌握定量、车速比纺本色纱时降低 10%～15%,以减少棉结、短绒的产生。为了控制成纱质量与质量偏差和改善色差,在并条工序,梳棉条要先通过预并以改善条子结构,再按一定混配比例进行 1～2道混并。在络筒工序,要适当降低络纱速度,控制毛羽增长率。

4. 回料使用要控制

由于色纺纱混用原料性能不同、混配比例不一,纺纱中产生的回料,如回卷、回条、回花等,其性能差异较大。为确保色纺纱的质量稳定与色比正确,在一般情况下,除本品种回花外,不得掺用纺纱回料。如果纺纱规格与混配比长时期比较稳定,可掺用部分回料,但须严格控制。为减少原料浪费,待纺纱回料积存到一定数量后,采用一次性专纺纱加以消化。纺色纺纱的原料消耗定额高于本白纱。一般纺纯棉精梳色纺纱,吨纱原棉消耗定额为 1.37～1.4 t;纺普梳纯棉色纺纱或涤/棉、低比例色纺纱时,吨纱原料消耗定额在 1.12 t 左右;纺纯化纤纱时,吨纱原料消耗定额约为 1.05 t,其纺纱原料成本高于常规纱。

二、色纺纱生产组织与管理

色纺纱的生产特点是品种多、批量少,混纺成分复杂,功能性纤维纺制难度大,特殊品种工艺(点子纱、段彩纱等)不易把控。色纺纱的特别之处在于,色偏、色差、色结、色档、色牢度、异色纤等概念始终贯穿于色纺过程,这使得色纺纱比坯纱的生产组织难度系数更大。

（一）色料混合

色纺原料混合，是为了解决色差，改善可纺性，精准配比。色纺厂必须配备混花工序，配置圆盘抓包机、自动打包机及充裕的场地。

1. 解决色差

色纺纱的唛头一般较多，由于调色的需要，部分唛头所占比例往往较少，必须加一道混棉工序，才能充分混合各种成分，均匀混配，防止色差。

（1）人工混棉。适用于几十千克至几百千克的小批量品种，根据配棉比例，分别称料，手工撕匀后在场地上充分搅拌、混合、打包、称重、标识，然后投入清花车间生产。

（2）机械混棉。适用于大批量生产品种。根据配棉比例，分别称料，运至混花圆盘，根据排包图，从里盘到外盘有序堆码，多点分布，压匀压平。棉块经抓棉刀片抓取后，通过棉箱混合，经管道输送到自动打包机，打包称重、标识，然后投入清花车间生产。

（3）大小混结合。适用于染色棉占很小比例的品种。先取比例最大的一种本色或染色原料和比例最小的一种（或几种）进行部分混合、打包，再将此混合棉与其他成分原料进行二次排色复混。这种方法可以有效弥补混合不匀。

2. 改善可纺性

色纺纱中，多组分原料混纺品种越来越多，这也是发展趋势，因为色纺解决了不同性质纤维不能同时套染的难题，可以充分混搭多组分纤维，开发新的流行品种。

对于部分多组分纤维纺纱，必须解决静电问题，以减少刺辊、锡林、道夫等分梳元件和皮辊、罗拉等牵伸部件的缠绕现象。喷洒相应的助剂，成为开清棉工序的常规工作。助剂的配置及喷洒工艺如下：

（1）配制比例。抗静电剂、和毛油等与水的勾兑比例，须根据不同纤维特性、回潮及以往经验综合确定。如锦纶、PTT 纤维、腈纶、莫代尔纤维等，抗静电剂和水一般按 1∶10 勾兑。羊毛和锦纶必须单独上和毛油闷置。

（2）喷洒比例。指勾兑的混合液与原料的喷洒比例，一般在 1∶10 左右，即 10 kg 乳化液喷洒 100 kg 原料。实际生产中，要结合原料含水、天气温湿度状况等确定。

（3）闷置时间。一般 24 h。羊毛、锦纶等最好用塑料布遮盖。腈纶一般存放 24 h。

大多数色纺企业采取因地制宜的方法。如在混花工序的抓棉机圆盘上装水桶喷淋，或在抓棉小车的配电箱下装自动喷雾器，抓棉小车边运转边喷洒。混合棉经打包机打包，放置一段时间，进入清花工序的抓棉机圆盘装箱生产。

（二）色偏防范

色偏是色纺纱最低级的质量问题。色纺纱由多种颜色原料组合而成，而且同一种颜色的原料有深中浅和色光不同之分。如蓝色系列有浅蓝、中蓝、深蓝，黑色系列有红光黑、青光黑等。为使生产的色纺纱和客户来样的色泽与色光一致，必须在投料前做好调色和配色的准备工作，先打小样对色，织成布样后在标准灯箱或客户指定光源下对准色泽、色光。如果客户来样为纱样、线样，织到一块布面上校对更准确。确认符合客户来样要求，方可投入批量生产。控制和减少色纺纱的色偏，提高对色的准确性，提高大货样和小样、大货样和中样之间的符合率，是保证色纺纱质量的关键。

1. 产生色偏的因素

（1）打样方面。

① 对色所打样的纱线，与客户来样的纱支、捻度不一致。纱线越细，捻度越大，颜色越深；纱线越粗，颜色越浅，色光也会变化。

② 对色使用的光源不符合要求。常用的对色光源有晴天自然北光及 D65、TL84、CWF灯。纱线在不同的光源下会产生不同的色光，从而导致色偏。因此，一定要以客户指定的光源为准。

③ 打确认样时，没弄清楚客户来样是否经过特殊整理、纤维染色用的染料是否被指定等，直接对照来样打样，即使和对照样没差别，但客户经过处理后可能会产生色偏。

④ 打手指样风格与客户来样风格不一。如客户来样是 AB 纱，打成了云斑纱；来样是云斑纱，打成了段彩纱。这些容易混淆的品种，打小样不容易看出差别，但一旦生产大货就会有问题。

（2）原料方面。

① 染色原棉性质差异大。性质差异大的原棉，染色后会出现染色不匀，缸差大，色牢度不高，色棉一致性差。纺制过程中易产生颜色深浅不一，色光不稳定。

② 原料产地不同，如接批的原棉或化纤产地发生变动。所用原料产地变化，会导致色光差异。

③ 原料回潮率差异过大。色棉的回潮率在 7.0% 左右，漂白棉、增白棉的回潮率大多在11% 以上，有的甚至达到 17%～18%。如果对回潮率差异过大的原料按相同的回潮率计算混合质量进行纺纱，成纱必定会出现色偏。

（3）纺纱过程方面。

① 投料、混花前色棉或白棉用错缸号或批次，产生大面积的色差。

② 回花管理不规范，标识不清楚，用错回花或回花混杂。

③ 同一个品种安排多种机型进行生产。台与台之间存在梳棉的落棉差异、粗细纱的捻度不匀差异、质量不匀差异等，引起色光偏差。

④ 混花不匀。比例小于 10% 的原料未经预混合，直接混花装箱生产。操作工装箱排包不认真，不按配棉图装箱而产生混花不匀。这些都会在后道产生色差。

2. 预防色偏的方法

（1）选择性质、产地、品种差异较小的原棉，染色后纤维上色差异小，同时色棉不能有色花，色牢度要达标。

（2）加强使用色棉的管理。色棉入库要有清楚、准确的标识，出库要有专人负责，摆放到车间指定的地方，外包装要完好、标识清楚，并做好与使用人员的交接。未用完的色棉仍然要包好包装，保证标识清楚，以便不影响再使用。

（3）保证色比不发生变化。根据原料的实测回潮率，使用干重混纺比，使大货生产与小样的色泽色光一致。打样和配料都要统一。

（4）做好原料对色对光。染厂原料进厂使用前，要与送染的小样对准每一包的色光，以防用错原料。对同一批次色棉有缸差的，一定要分缸号对应使用或混匀搭配使用。在纺品种接批使用的,染色棉与前批有色光差异的要控制使用。

(5)备料要齐全。投料对色前,要确保需要的原料备齐,防止生产过程中因个别原料换批而影响色光。

(6)对色有专人负责,并且要统一目光。要充分考虑打样车台与大货生产车台之间的差异,掌握对色技巧。注意打小样和大货之间、实际操作与客户要求之间的一致性,防止大货和客户确认样调整幅度大而产生色偏。

(7)生产大货的对色。投料前要确认打样原料与大货生产所用原料是否一致,如不同应重新打样出新的配比,确保与客户确认样一致,才可以投入产前样对色。产前样对好后,生产第一箱要进行并条前的大货织布样对色,确认无差异再签字给车间生产。

(8)批量生产品种,每天要抽大货织布对色,要保证接批的颜色受控。多次下单接批生产的品种,客户中途没提出异议的,均以客户第一次确认样为准。每一次再纺都要和第一次确认样织在同一块布面上对色,要防止累计色偏的出现。

(9)投料生产第一箱时要预留一个对色棉卷,严格按混花顺序装箱生产,并与第一箱对比,以防出现色差,便于及时发现问题。

(10)投料生产检查把关。投料时要检查配棉单贴样是否正确齐全,检查备用原料与贴样是否一致,检查对色是否有签字手续,检查配比和质量是否准确无误,检查使用的称量器具是否精准,不能产生误差。投料混花负责人要认真记录每个品种的每一笔质量,混花后再复称总重,核实投料量的准确性。

3. 色偏的后续处理

如果是纺到粗纱时发现的色偏,如定量适宜,可另纺色度相反的粗纱,在细纱 AB 纱装置上纺,中和色偏。但把握分寸要准,否则损失更大。还要看客户是否认可纱的风格。

如果是并线品种,色偏发现得早,在精确计算两股纱纺制数量的基础上,重新投料纺制与先前色度相反的另一股,在并线时中和色偏。这种方法经常采用。

对不严重的色偏,可与客户充分沟通协商,看水洗环节是否有调色的可行性。

特别要注意的是,清花第一箱的前几个卷和箱底的最后几个卷通常会有色偏,为了减少回卷,减少纤维在二次装箱中或在 A035 混开棉机上混入时受到的重复打击,要对色偏棉卷做好标识,在梳棉、并条工序有序搭配使用。

(三)色结控制

色纺纱中染色纤维含量在 30% 及以上时,明显色结是指染色的大棉结和本色棉结。染色纤维含量在 30% 以下时,明显色结是指本色的大棉结和深色的棉结。明显色结中的大棉结是指粗度达到原纱 2.5 倍的色结。若染色纤维含量或本色纤维含量在 15% 以下,束纤维缠于纱上,颜色比较显现,都作为明显色结。色纱上明显色结易暴露于纱线表面,布面上特别显眼,难以在后整理中去除和覆盖。因此,要纺好色纺纱,控制纱线的棉结和籽粒很重要。

1. 白点控制

通过筒纱线外观质量检查和布面情况,在黑色、深色号的色纺纱中,本色棉结特别容易显现,也就是白点明显。

配棉时,白棉使用比例少于15%以下的要使用白棉条,藏青、麻蓝系列的品种要用精条。凡色棉比例在80%以上的深色号品种,其中用漂白棉的一律用漂白精条,纺出的成纱才能控制白点个数。要严格控制染厂色棉开松索丝、棉结状况。

禁止出现索丝棉卷。清花的开松要好,棉卷中的束丝要少。

梳棉设备状况直接影响棉结的多少。梳棉车台各部分隔距要准。对锡林、道夫、盖板的针布情况要严格检查,达不到质量要求的针布要及时更换。

梳棉机采用加装锡林固定分梳板,增强分梳效果,减少棉结杂质,减小棉结体积,使色纱中的白点在布面上不容易显现。

无特殊情况时,批量品种原则上并条一律不用三并,否则会增加棉结。

2. 色点控制

(1)染色原棉应选择成熟度高、细度适中、短绒含量低、品级高的原棉。

(2)配棉时,抢色的色棉要使用棉条或精条,使色结控制在正常范围内。

(3)在染色过程中,棉纤维要经过蒸、煮、加热等处理,使纤维的物理性能有所改变,降低了纤维的可纺性,需要染厂根据情况采用抗静电剂、渗透剂等加以处理,提高纤维在后加工过程中的可纺性能。如果处理不好,染色棉易起静电,纺纱加工不顺利,而且生产出来的纱线质量不好。因此,要选择染色水平高的染厂。

(4)彩色化纤质量要把关。疵点含量要低,粉尘要少,含油率要适当。如果含油率低,纤维易产生静电,应喷洒抗静电剂闷24 h后使用。

(5)色棉回潮率要适当。回潮率过大,容易使纤维产生色结;回潮率过小,容易产生静电,纺纱加工不顺利。

(6)选择合理的工艺。由于色棉经过染色、烘干等处理,纤维成为束状或块状。

① 清化工序要遵循多松少打的工艺原则,减少纤维损伤,提高除杂效率。对化纤要合理设计打手速度,防止产生索丝。

② 加装锡林固定分梳板,使用加密型盖板针布,增强分梳效果;放大前上罩板与锡林之间的上口隔距,多出斩刀花;调小小漏底的进口隔距,增加落杂。

(7)合理使用回花。对本支回花,清花的卷头、卷尾,梳棉条,并条的半熟条、熟条,可在一定比例内混用;粗纱头、细纱吸风花等,要根据色结数量控制使用,以避免色结增加。

3. 色结的后续处理

深中色号的布面上出现白点,是影响布面外观的大问题,超过了客户的承受范围,必须进行修布处理。现在已有专门的修色修布公司,对布匹色结进行挑、刮、涂、整,减少色结量。

(四)色纤防范

新上的色纺企业,期初会有很好的隔离防飘设计。由坯纱改色纺的企业,由于机台排列和现有环境限制,异色纤的防范管理有一定难度,特别是纺制彩、漂、艳品种时,纺制过程中稍有疏忽,管理不到位,将造成严重后果。通过跟踪分析客户反馈问题,发现异色纤80%以上发生在前纺,且前纺造成的异色纤经细纱加捻后,布面上的异色纤无法做挑毛处理,大部分要经过剔片处理,严重的都是退货重纺,这会给企业带来巨大损失。在实际生产中,对前后道防异色纤的管控至关重要。

1. 规划好防异色纤等级关

投料生产前要预先考虑防异色纤的类别。针对不同品种,防异色纤可分为三类:

(1)一是亮艳类品种(橙、黄、粉红)。从清花至槽筒要进行封闭式隔离,从前至后,所有工序都要进行揩车,上空管道做彻底清洁,关掉所有吹吸风。

(2)二是增白、漂白、本色类品种。所有原料都要遮盖,粗纱套袋、运输车辆、落纱箱、条桶、机台做彻底清洁。

(3)三是浅色号麻灰品种。按常规色纺纱生产要求,做好各道清洁。

2. 控制好原料关

对进厂原棉要进行异色纤检验,防止塑料丝超标。对所有进厂染色棉,打样室除确认颜色外,还要对色棉进行检查,查看异色纤情况,特别是彩色品种,要逐包检查。投料时,称花工对每种原料都要认真把关,发现有异色纤时要及时反馈,严重的要退货。要求从源头开始把控到位。

染厂从染色过程到包装要预防异色纤混入。

投料使用时要严格把关,及时检查发现有异色纤的原料。

混花、色棉的包装不许用塑料编织袋,防止产生异纤。

3. 把好清洁关

(1)清花。检查综合打手、轴头绕花、圆盘内清洁、凝棉器、角钉帘、尘棒、尘笼、梳针板、棉箱内各处挂花,用白斩刀过车肚,必要时再用白棉过车肚,确保成卷后无异色纤。全色品种可用本品种纺棉条的斩刀过车肚,减少异色纤的混入。输棉管道要定期清理,防止管道内积花带入棉卷形成异色纤。

(2)梳棉。关车做大小漏底、龙头、上下刮刀片、伸头板、三角区、刺辊、道夫、吸风口及周围清洁。接替品种颜色不是一个系列时,要用本品种的斩刀或棉花过车肚。

(3)并条。做好导条架,牵伸区及通道圈条盘内的清洁。

(4)粗纱。做好牵伸部件、上下绒板、上下龙筋的清洁,必要时揩车做大清洁。

(5)细纱。粗纱架、吊锭、上下皮辊、皮圈、张力架绕花、车面、龙筋、锭脚、线盘等都要做彻底清洁。

(6)络筒。通道光洁,车顶板、龙筋、油箱及周围清洁。

(7)容器的清洁。换不同颜色的品种,如纺藏青品种改纺粉红品种,要做好清棉条桶、粗纱管、纱包、塑料筐等容器的清洁。

4. 计划调度好区域关

防止异色飞花,生产品种和车台的合理安排很重要。颜色相近的品种清花要相对集中连续投料,梳、并、粗、细、筒子尽量放在同一区域,少用隔布。使用隔布要规范化,方便操作。尤其要注意机台上空的隔断,防止空气流动、飘花而产生异色纤。一般企业仅局限于在机台之间拉一道隔布,效果往往不够理想。

5. 生产过程的防范与隔离

做好生产过程的隔离和防范是有效防范异色纤的主要方法。

(1)清花。棉卷要用包卷布包好,包卷布不能有损坏或不清洁。

（2）梳棉。生条要用塑料筒套套好,防止飞花飘落到棉条上。

（3）并条。相邻车台颜色差异大的要用隔布,落下的熟条要用筒套套好。

（4）粗纱。对落下的粗纱,都要做筒管脚清洁,入袋包好。

（5）细纱。管纱要及时运到管纱库。用塑料筐堆码时,筐与筐之间要加纸板,防止筐底有异色飞花。用落纱袋的,要查清袋子内壁是否有异色飞花黏附,封好袋口并堆放到指定区域隔离。

（6）络筒、并线。络筒并线工序产生的为异色飞毛,要求邻近车位尽量生产同一个品种或颜色相近的品种。落筒后,要做好筒子表面的清洁,包好塑料袋,送成包房及时成包。

（7）明确责任,做好奖惩。运转班值班长对每台换品种机台要认真检查,由质量员验收合格后方可开车。特殊品种尽量安排在早班投料,便于检查。各道机台清洁工作,车间主任要做好督促检查,对检查不到位、出现后道反馈的,要负责任。挡车工清洁做得不彻底的,要落实经济责任制处罚。

色纺纱异色纤防范要从多方面考虑,各流程都要防范。最好的防异色纤的方法是在厂房设计、机械排列布局时采取隔离措施,采用上送下排空调系统,使车间空气不紊乱。

异色纤防范是一个系统工程,可采取多种措施:单机台隔离（半精纺）;区域隔离;适度加湿,减少飞花;吸风外排。最基本的要求是要做好分品种隔离。

任务实施

一、工艺流程及设备选型

根据纱线工艺需求及企业现有设备情况,确定麻灰纱的工艺流程及主要设备选型,如图2-18所示。

混棉 → 开清棉 FA141 → 梳棉 FA201 → 一并 FA306 → 二并 FA306 → 三并 FA306 → 粗纱 TJFA458A → 细纱 FA506 → 络筒 N21C

图 2-18 麻灰纱工艺流程及主要设备选型

二、主要纺纱工艺制定

1. 开清棉

根据染色工艺不同,纤维内部结构已发生一定变化,表现出与本色纤维不同的物理化学性质,其内在、外观性质与本色纤维有一定差别,尤其表现在强力低、疵点多,在纺纱过程中易脆断。因此,开清棉工序应注意少打击、多梳理的要点,适当的棉卷定量和紧密度是成卷质量的关键。抓棉工序中,黑白两种纤维棉包交叉排包,压平压实,以便充分混合。开清棉工艺制定见表2-7。

表2-7 开清棉工艺单

开清棉工艺流程	FA002 圆盘抓棉机→FA022-6 多仓混棉机→FA106A 梳针滚筒开棉机→A062 电器配棉器→FA046A 振动给棉箱→FA141 单打手成卷机			
机械名称	工艺参数			
FA002 圆盘抓棉机	抓棉打手转速(r/min)	抓棉小车速度(r/min)	打手刀片伸出肋条距离(mm)	抓棉打手间歇下降动程(mm)
	900	0.8	2.5	2
FA022-6 多仓混棉机	开棉打手转速(r/min)	给棉罗拉转速(r/min)	输棉风机转速(r/min)	换仓压力(Pa)
	330	0.2	1 400	230

FA106A 梳针滚筒开棉机	打手速度(r/min)	给棉罗拉转速(r/min)	打手与给棉罗拉间的隔距(mm)	打手与尘棒间的隔距(mm)	尘棒与尘棒间的隔距(mm)	打手与剥棉刀间的隔距(mm)
	480	45	11	14/18.5	11/反/反	1.6

FA046A 振动给棉箱	角钉帘与均棉罗拉间的隔距(mm)
	30

FA141 单打手成卷机	棉卷定量(g/m)		实际回潮率(%)	棉卷长度(m)		棉卷伸长率(%)	棉卷净重(kg)		线密度(tex)	机械牵伸倍数
	湿定量	干定量		计算	实际		湿定量	干定量		
	410.4	380	8.0	44.71	45.96	2.8	18.86	17.46	412 300	3.124
	打手速度(r/min)	打手与天平曲杆工作面间的隔距(mm)				打手与尘棒间的隔距(mm)		尘棒与尘棒间的隔距(mm)		
	1 001.7	8.5				8/18		8		

2. 梳棉

色纤维在染色过程中性能受损,纤维间缠绕形成结点。尤其是道夫、锡林上常有棉结硬块粘在针齿间,造成纤维分梳、转移差,棉结增多。为了解决此问题,采用加宽除尘刀宽度、平刀、85°安装角工艺,小漏底使用棉型半网眼漏底,便于多落并丝、硬块等大杂;锡林至盖板隔距适当收小,放大前上罩板至锡林间的隔距,便于多出盖板花,使细小杂质多落;要求检修人员每天用钢丝刷、钩刀清理锡林、道夫上的并丝和硬块;试验工每天查看生条棉结,控制在每克6粒以下。梳棉工艺制定见表2-8。

表2-8 梳棉工艺单

机型	生条定量[g/(5 m)]		回潮率(%)	线密度(tex)	总牵伸倍数		棉网张力牵伸	刺辊转速(r/min)	锡林转速(r/min)	盖板速度(mm/min)	道夫转速(r/min)
	干定量	湿定量			机械	实际					
FA201	19.77	20.96	6	4 290.09	93.29	96.09	1.29	931.05	359.02	140.41	20
刺辊与周围机件隔距(mm)											
给棉板		第一除尘刀		第二除尘刀		第一分梳板		第二分梳板		锡林	
0.23		0.3		0.3		0.5		0.5		0.15	

锡林与周围机件隔距(mm)							
活动盖板	后固定盖板	前固定盖板	大漏底	后罩板	前上罩板	前下罩板	道夫
0.19/0.16/0.16 /0.16/0.18	0.45/0.4/0.3	0.2/0.2 /0.2/0.2	6.4/1.58/0.78	0.48/ 0.56	0.79/1.08	0.79/0.55	0.1
齿轮的齿数							
Z_1	Z_2		Z_3	Z_4		Z_5	
17	19		28	26		34	

3. 并条

为了确保纤维混色均匀、无色差,经三道并条混合,使条子色泽稳定、均匀。要加强并条自停装置的维护保养,确保光电的灵敏度,防止断条不停造成色泽不稳定及细条的产生;加强挡车工责任心教育,做好条子的定位工作。并条工艺制定见表2-9。

表2-9 并条工艺单

机型	预并条定量 [g/(5 m)]		实际回潮率 (%)	总牵伸倍数		线密度 (tex)	并合数	牵伸倍数分配				前罗拉速度 (m/min)
	干重	湿重		机械	实际			紧压罗拉~前罗拉	前罗拉~中罗拉	中罗拉~后罗拉	后罗拉~导条罗拉	
FA306 一并	19.14	19.86	3.76	8.87	8.69	4 029.35	8	1.017 5	5.86	1.43	1.04	212
FA306 二并	17.89	18.56	3.76	6.55	6.42	3 766.20	6	1.017 5	4.60	1.37	1.04	212
FA306 三并	16.20	16.81	3.76	6.76	6.63	3 410.42	6	1.017 5	4.60	1.36	1.06	212

罗拉握持距(mm)		罗拉加压(N)	罗拉直径(mm)	喇叭头孔径 (mm)	压力棒调节环直径 (mm)
前~中	中~后	导条×前×中×后×压力棒	前×中×后		
48	52	118×362×392×362×58.8	45×35×35	2.8	15
48	52	118×362×392×362×58.8	45×35×35	2.8	15
48	52	118×362×392×362×58.8	45×35×35	2.6	15

齿轮齿数						
Z_1	Z_2	Z_3	Z_4	Z_5	Z_6	Z_8
46	52	26	124	51	63	50
52	46	27	124	65	63	49
52	46	27	125	65	63	51

4. 粗纱

由于色纤维经染色后强力低,抱合差,粗纱捻度比常规纱要略有增加,以提高条子的光洁度,降低其在细纱工序退绕时由于张力过大而造成纤维滑脱、断头现象;加强清洁工作,因色纤维易脆断,粉尘、短绒多,且其原料易腐蚀锭翼内壁,造成锈斑容易挂花,操作上要求挡车工每落纱增加一次拿清锭翼花衣的工作,部保时要求检修工将每个锭翼内壁拉光、拉滑;纺颜色较深的麻灰纱时,为便于挡车工操作,要在机架相关部位喷上淡色漆,以便检查断头和做清洁。粗纱工艺制定见表2-10。

表 2-10　粗纱工艺单

机型	粗纱定量[g/(10 m)]		实际回潮率(%)	总牵伸倍数		后区牵伸倍数	线密度(tex)	捻度(捻/10 cm)	捻系数	罗拉握持距(mm)		
	干重	湿重		机械	实际					前~二	二~三	三~后
TJFA458A	4.0	4.15	3.76	8.25	8.09	1.356	421.04	3.10	63.69	39	60	59

罗拉加压(daN/双锭)	罗拉直径(mm)	轴向卷绕密度(圈/10 cm)	径向卷绕密度[层/(10 cm)]	转速(r/min)	
前×二×三×后	前×二×三×后			前罗拉转速	锭翼转速
14×24×20×20	28×28×25×28	48.2	244.1	320.63	852.05

集合器口径(宽×高)(mm)			钳口隔距(mm)	齿轮齿数													
前区	后区	喂入		Z_1	Z_2	Z_3	Z_4	Z_5	Z_6	Z_7	Z_8	Z_9	Z_{10}	Z_{11}	Z_{12}	Z_{14}
6×4	6×3.5	6×4	4.0	82	91	60	41	40	79	41	36	22	45	26	37	22

5. 细纱

合理选配钢领、钢丝圈,缩短导纱钩的更换周期,以降低成纱的毛羽;为便于挡车工操作,应在机架相关部位喷上淡色漆,以便检查断头和做清洁。细纱工艺制定见表2-11。

表 2-11　细纱工艺单

机型	细纱定量[g/(100 m)]		实际回潮率(%)	公定回潮率(%)	总牵伸倍数		后区牵伸倍数	线密度(tex)	捻度[捻/(10 cm)]	捻系数	捻向
	干重	湿重			机械	实际					
FA506	1.39	1.44	3.76	5.26	31.28	28.78	1.14	14.6	82.83	316.49	Z

罗拉中心距(mm)		罗拉加压(daN/双锭)	罗拉直径(mm)	钢领		钢丝圈		转速(r/min)	
前~中	中~后	前×中×后	前×中×后	型号	直径(mm)	型号	号数	前罗拉	锭速
46	63	16×12×16	25×25×25	PG1/2	38	2.6Elf	10/0	241.90	15 739

前区集合器口径(mm)	钳口隔距(mm)	卷绕圈距(mm)	钢领板级升距(mm)	齿轮齿数												
				Z_A	Z_B	Z_C	Z_D	Z_E	Z_F	Z_G	Z_H	Z_J	Z_K	Z_M	Z_N	Z_n	n
2.0	2.8	0.61	0.3142	52	68	85	80	36	58	64	48	59	83	69	28	70	2

三、生产管理

色纺纱大多是小批量、多品种生产，管理难度大，为此要着重做好以下工作：

（1）有条件的工厂可设置台与台隔断分离，无条件的工厂要隔离小车间纺纱，密封效果要好，以防浅色纤维与深色纤维互相乱飘，影响成纱质量。

（2）固定使用专用容器和运输路线，注意进出人员和车辆及物品的清洁工作，防止色纤的带出。

（3）品种翻改时要注意容器、机台的清洁工作，各机台绒布要及时更换和清洗。

四、质量控制

色纺纱生产中，每道工序的半制品都必须进行对色，一旦发现与客户来样存在色偏或色差，应立即补救。麻灰纱生产中，原料选择是基础，工艺流程配置是关键，控制黑、白疵点是难点。当成纱中黑色纤维占 60% 以上时，成纱基本呈黑色，白色的棉结、小粗节是影响外观的主要因素；当黑色纤维占 30% 以下时，黑色的棉结、小粗节是影响外观的主要因素；当黑色纤维占 45% 左右时，黑、白疵点都显得突出。为此，应着重抓好原料关和梳棉生条的疵点控制，并认真做好回花回条的管理工作。

（课）（外）（拓）（展）

（1）客户来样为针织面料用麻灰云斑纱，经分析，知其色纤维比例为黑涤/本色涤/本色棉 30/20/50，试制定合适的纺纱工艺流程。

（2）试分析深色麻灰纱与浅色麻灰纱在工艺上有哪些不同。

任务六　成品测试与工艺分析

（任）（务）（导）（入）

对照客户订单对此款麻灰云斑纱成品的质量要求，执行 FZ/T 12016—2014《涤与棉混纺色纺纱》，按照标准要求进行纱线成品质量测试，并出具正式的质量报告。

（知）（识）（准）（备）

色纺因为其特殊性，工艺设计兼顾因素多，检验试验的项目多，工作量大，要求繁杂，对工艺和品管人员是一个挑战。色纺纱品种繁多，一部分色纺纱品种缺乏统一的质量标准。对于有质量标准的色纺纱品种，纱线性能测试只需按照标准执行；对于缺乏质量标准的纱线品种，其质量要求一般由客户提出。与常规纱线相比，色纺纱成品测试，除常规纱线性能测试项目外,还应包括客户要求的其他测试项目,如织布试验、牢度试验、色差试验与色结试验等。

一、织布试验

色纺企业一般都配备专门的织布小样机,方便将纱样制成布样,进行对色和检验。小样机多为袜机或针织圆机和横机。布样的工艺参数应与客户来样基本一致,以保证布面风格一致。布样织制的目的包括:①方便对色,检验是否存在色偏;②检验纱线品质,包括纱疵、条干、粗细节、布面破洞、布面横路、色结等。

二、色牢度试验

色牢度试验一般针对送染厂染色的色纤维进行。染色原料回厂后,第一步要测试回潮率,结算公定质量;第二步是抽检色纤维的色牢度。

纺厂一般不出具专业的色牢度检测报告,而是采用简易的耐皂洗色牢度试验,判定纤维的染色效果。常用的耐皂洗色牢度试验步骤:在烧杯中加入 100 mL 冷水,称取 2 000 mg 试样放入,加 100 mg 洗衣粉搅拌均匀至溶解,放在电炉上煮至 90 ℃,搅拌试样使之充分浸润,取出试样,观察烧杯中液体颜色,然后对照样卡对比评级。

客户无特殊要求时,普通品种达到 3.5 级以上即可,宝蓝、艳蓝达到 3 级以上即可。客户有特别要求的,要提高牢度等级。达不到色牢度等级要求的,应该退货给染厂。

三、色差试验

色差试验贯穿纺纱过程始终,主要包括染色原料、先锋样和成品纱三步试验。

(一)染色原料的色差检验

染色原料从染厂回来,应对照留存标样,逐包抽检,发现批差严重时可以进行预混合,以中和色差。对于不同批次的原液着色纤维,也要逐包检验,排除色差隐患。

(二)先锋样的色差检验

生产先锋样时,投第一仓,快速成卷、制条、纺粗细纱,快速将纱线样品织成袜片或在横机上织成布样与标准样对色。如产生色差,立即调整色纤比例。

(三)成品纱的色差检验

对于批量大的品种,质检员每天固定时间到打包区检验筒纱有无色差。

四、色结试验

明显色结是指由染色或本色未成熟棉或僵棉在轧花或纺纱过程中处理不当集结而成的颜色显现的棉结。色纺纱在纺纱多道流程中均易产生色结。在原料染色阶段,纤维经煮、漂,表面的棉蜡和天然卷曲受损,染色过程中圆盘抓取、烘干开松,都会增加棉结。在预混合阶段,经抓棉机抓取打击,再次增加棉结和索丝。在清梳阶段,性质差异大的多组分原料,混合后排包进仓、成卷、梳棉,由于混合棉不是分开成卷、制条,只能采用中性工艺,使得生产过程对结杂的控制难度加大,纤维无法得到充分开松和除杂。这些因素的存在,使得色纺纱的结杂检验尤为重要。

色结试验包括生条色结试验和成纱色结试验,其中生条色结试验有手检和机检两种方法。

五、大货常见质量问题

(一) 风格走样

风格走样是最严重的质量问题。如点子纱风格走样:点子密度(稀密)和标样不一,点子颗粒(大小)和标样不一。再如段彩纱风格走样:出现规节、拖尾等,布面上饰纱分布不均匀,有的集中在一起,有的空白较多;另外,饰纱断得不彻底、不清晰,影响段彩风格和布面美观等。对于特殊纱线品种,一定要做到防患于未然,做好充足的工艺准备工作和生产过程控制,及时发现和处理质量问题,避免出现不可挽回的局面。

(二) 颜色偏差

此为最常见的质量问题。大货和标样在色光、色泽上有偏差。大货生产与小样及先锋试样的生产存在显著差别,配色人员要具备充分的生产经验,对大货配色方案做出合适的调整。色花、色圈也是极易发生的问题,要注意前后批每一仓称料成分、质量的准确性,注意混花的均匀性和回花的合理使用。

(三) 布面破洞

生产过程中,各种偶发性纱疵,尤其是粗节、细节会形成布面破洞,使得织造难以顺利进行;纱线毛羽多、纱线发毛、飞花集聚造成针眼堵塞,也会形成布面破洞;筒纱的回丝夹入小辫子、杂物夹入、捻结不良、织造过程回潮过小、筒子成型不良不能顺利退绕等,都会形成布面破洞。

(四) 横路

横路俗称横档,主要由织造不良或原料纱线品质不佳引起。其中,织造不良主要指纱线张力偏差、密度不匀等;原料纱线品质不佳主要由纱线线密度差异大、错支错批、捻向捻度差异大、纤维原料差异、色纺纱混色不匀、挡车工操作非标准化等原因造成。针织物横条是很难防范的质量难题。

(五) 水洗褪色

在蓝色系列织物上经常发生,特别是夹色布,即蓝色纱线和素色纱线交织的织物,水洗时蓝色、丈青等色会沾污素色。

对照 FZ/T 12016—2014《涤与棉混纺色纺纱》的质量标准要求,组织实施来样 JC/T(60/40)14.6 tex 针织麻灰纱的性能测试。涤与棉混纺的色纺纱技术要求包括单纱断裂强力变异系数、线密度变异系数、单纱断裂强度、线密度偏差率、条干均匀度变异系数、千米棉结(＋200％)、明显色结、10 万米纱疵、色牢度、纤维含量偏差、色差及安全性能要求。

一、试验方法

1. 试验条件

各项目试验须在标准规定的条件下进行。

2. 取样规定

从检验批中随机抽取 20 个筒子,各项目所需样品数量及试验次数按表 2-12 的规定;若检验批中的筒子数小于 20 个,则全部抽取作为样品。

表 2-12　涤与棉混纺色纺纱各项目样品数量及试验次数

项目	筒子数(个)	每筒试验次数	总次数
线密度变异系数、线密度偏差率	20	1	20
单纱断裂强度、单纱断裂强力变异系数	20	5	100
条干均匀度变异系数、千米棉结(+200%)	10	1	10
明显色结	10	1	10
10 万米纱疵	6	—	1
色牢度	1	—	1
纤维含量偏差	3	—	1

3. 线密度变异系数、线密度偏差率试验

摇取绞纱长度应按 GB/T 4743—2009《纺织品 卷装纱 绞纱法线密度的测定》的规定执行,其中线密度变异系数采用程序 1,线密度采用程序 3,公称线密度 100 m 标准质量和标准干燥质量按附录 B 计算,线密度偏差率应将烘干后的绞纱折算至 100 m 质量,并按下式计算:

$$D = \frac{m - m_d}{m_d} \times 100\%$$

式中:D——线密度偏差率,%;

$\quad m$——100 m 试样实际干燥质量,g;

$\quad m_d$——100 m 试样标准干燥质量,g。

4. 单纱断裂强度及单纱断裂强力变异系数试验

按 GB/T 3916—2013 的规定执行。

5. 条干均匀度变异系数、千米棉结(+200%)试验

按 GB/T 3292.1—2008 的规定执行。

6. 10 万米纱疵试验

按 FZ/T 01050—1997 的规定执行,10 万米纱疵结果用 A3+B3+C3+D2 表示。

7. 明显色结试验

按 FZ/T 10021—2013 中的附录 A 执行。

8. 纤维含量试验

按 GB/T 2910.11—2009 的规定执行,纤维含量以公定质量比表示。

9. 色牢度试验

耐皂洗色牢度试验按 GB/T 3921—2008 的规定执行。

耐汗渍色牢度试验按 GB/T 3922—2008 的规定执行。

耐摩擦色牢度试验按 GB/T 3920—2008 的规定执行。

10. 色差试验

按 GB/T 250—2008 的执行。

11. 成包净重

按 FZ/T 10021—2013 中的附录 B 执行。

二、分等评级

按照 FZ/T 12016—2014《涤与棉混纺色纺纱》的要求,同一原料、同一色号、同一工艺连续生产的同一规格产品作为一个或若干检验批;产品质量等级分为优等品、一等品、二等品,低于二等品指标者为等外品;涤与棉混纺色纺纱质量等级根据产品规格,以考核项目中最低一项进行评等,并按其结果评定涤与棉混纺色纺纱的品等。

FZ/T 12016—2014《涤与棉混纺色纺纱》的相关技术指标质量要求与订单纱线的对照见表 2-13 和表 2-14,表明订单纱线符合优等品质量要求。

表 2-13　订单纱线质量与 FZ/T 12016—2014《涤与棉混纺色纺纱》对照

项目		等级	单纱断裂强力变异系数(%)≤	线密度变异系数(%)≤	单纱断裂强度(cN/tex)≥	线密度偏差率(%)	条干均匀度变异系数(%)≤	千米棉结(+200%)(粒)≤	明显色结[粒/(100 m)]≤	10万米纱疵(个)
标准要求	13.1~16.0 tex	优	9.5	1.8	16.5	±2.0	14	75	3	3
		一	12.5	3.0	15	±2.5	16.5	220	5	10
		二	15.5	4.5	13.5	±3.0	21	440	10	—
订单纱线	14.6 tex	优	9.0	1.4	17.2	1.8	12.2	65	3	2

表 2-14　订单纱线色牢度与 FZ/T 12016—2014《涤与棉纺色纺纱》对照

项目		订单纱线测试结果	标准要求
耐皂洗色牢度	变色	4~5	4
	沾色	3~4	3~4
耐汗渍色牢度	变色	4~5	4
	沾色	3~4	3~4
耐摩擦色牢度	干摩	4~5	4
	湿摩	2~3	3(深色2~3)

 课外拓展

讨论在色纺纱生产过程中容易出现的质量问题及正确的质量控制措施。

任务七　色纺纱报价

 任务导入

基于订单纱线的工艺技术难度、生产管理难度、原料及相关生产成本消耗情况,仔细核算生产总成本,并提供一份完整的报价单,供客户参考。

 知识准备

在国际或国内贸易中,买方向卖方询问商品价格,卖方结合产品的成本、利润、市场竞争力等因素,报出可行的价格。报价的高低对企业订单的获取意义重大,报价单的制定是产品销售过程中的重要环节。商品的成本和费用包括工厂成本、利润率、税率、运输费、(代理费用)等,在国际贸易中,还包括汇率、国内费用(工厂到港口的运输费、港杂费用、托盘费、样品费、银行手续费、制单费、利息等)、退税率等。

一份完整的报价单应包括品名、规格、数量、价格、包装、交货期、运输方式、付款方式及报价有效期等信息。因此,一名合格的纱线产品销售人员,不仅要熟知此类产品的市场情况,还要熟悉产品的生产、运输、流转的各个环节。产品的价格受订货数量、包装形式、运输方式及含税情况等因素的影响。

一、外贸报价单的主要内容

(一) 报价单的头部

一般包括卖家及买家的基本资料,如工厂或品牌的标志、公司名称、详细地址、邮政编码、联系人姓名、职位名称及电话号码、传真号码、手机号码、公司网址等联系方式。还包括报价单的标题(报价的具体商品)、参考编号、报价日期及有效期等。

(二) 产品基本资料

在纺纱产品报价中,产品基本资料主要包括序号、货号、产品名称、产品图片、产品描述、原材料及混纺比、规格、加工方式、颜色等信息。

(三) 产品技术参数

主要包括纱线的各项技术性能指标,如强度及变异系数、条干均匀度及变异系数、质量偏差及变异系数、棉结杂质粒数、毛羽指数等;色纺纱还应包括色彩参数及色牢度指标;其他特殊性能纱线应根据客户要求提供必要的技术参数。

除上述技术性能指标外,根据客户需要,产品技术参数还可包括产品使用有效期、用途和使用范围等信息。

(四) 价格条款

根据货运及流转过程中产生的费用由卖方还是买方承担,大致可以将价格分为离岸价(FOB)、成本加运费(CFR)、成本加运费保险费(CIF)、工厂交货价(EXW)等四种类型。常见外贸交易方式之间的差别见表2-15。

表2-15 常见外贸交易方式对比

交易方式	交货地点	运输负责方	保险负责方	出口手续负责方	进口手续负责方	风险转移地	所有权转移
FOB	装运港	买方	买方	卖方	买方	装运港船舷	随交单转移
CFR	装运港	卖方	买方	卖方	买方	装运港船舷	随交单转移
CIF	装运港	卖方	卖方	卖方	卖方	装运港船舷	随交单转移
EXW	出口地工厂或仓库	买方	买方	买方	买方	交货地	随买卖转移

FOB、CFR、CIF 的共同点:

(1) 卖方负责装货并充分通知,买方负责接货。

(2) 卖方办理出口手续,提供证件;买方办理进口手续,提供证件。

(3) 卖方交单,买方受单、付款。

(4) 装运港交货,风险、费用划分一致,以船舷为界。

(5) 交货性质相同,都是凭单交货、凭单付款。

(6) 都适合于海洋运输和内河运输。

FOB、CFR、CIF 的不同点:

(1) FOB:买方负责租船订舱、到付运费;卖方办理保险、支付保险。

(2) CIF:卖方负责租船订舱、预付运费;买方办理保险、支付保险。

(3) CFR:卖方负责租船订舱、预付运费;买方负责办理保险、支付保险。

5. 数量条款

标明柜体的具体尺寸类型及容积、最小订单数量及库存具体数量。

6. 支付条款

根据支付方式的不同,分为即期信用证、远期信用证、可撤销信用证、不可撤销信用证、跟单信用证、光票信用证、可转让信用证、不可转让信用证、电汇等多种形式。

7. 质量条款

包括商品根据进出口贸易及买卖双方的约定要求,在指定的检验检疫机构所获取的商品品质、包装、卫生、安全等检验文件。

8. 运输条款

标明起运港、目的港、装运港、卸货港、转运港,装运日期、装运期限、装运时间,以及是否分批与转船等运输信息。

9. 交货期条款

标明生产准备与投产周期,以及交货期。

10. 品牌条款

使用客户自己的品牌或由其指定的其他品牌,也可使用工厂自己的品牌。

11. 原产地条款

提供普通原产地证或普惠制原产地证。

12. 其他资料

买卖双方约定的其他资料,如工商营业执照、国税局税务登记证、企业法人代码证书、质量检验报告、产品质量认证、出口许可证等。

二、内贸报价单的主要内容

内贸报价单内容与外贸报价单基本一致,主要包括买卖双方基本资料、产品基本资料、价格条款、数量条款、支付条款、质量条款、包装运输条款、交货期条款等。国内贸易流程相对简短,流转手续及费用也较少。

内贸报价单举例1:

××××××有限公司报价单

□急件　　　　□重要　　　　□一般　　　　编号:

客户信息

公司名称:＿＿＿＿＿＿公司地址:＿＿＿＿＿＿＿

联系人:＿＿＿＿＿电话:＿＿＿＿＿传真:＿＿＿＿＿邮箱:＿＿＿＿＿

产品报价信息

序号	产品名称	规格	品牌	单位	数量	单价	小计
小写合计				大写合计			

备注:1. 以上报价含17%增值税。

　　　2. 交货地址:＿＿＿＿＿＿＿＿＿＿＿＿＿＿＿＿＿＿＿＿＿＿＿＿＿＿＿＿＿

　　　3. 付款方式:＿＿＿＿＿＿＿＿＿＿＿＿＿＿＿＿＿＿＿＿＿＿＿＿＿＿＿＿＿

　　　4. 包装方式:＿＿＿＿＿＿＿＿＿＿＿＿＿＿＿＿＿＿＿＿＿＿＿＿＿＿＿＿＿

　　　5. 供货周期:＿＿＿＿＿＿＿＿＿＿＿＿＿＿＿＿＿＿＿＿＿＿＿＿＿＿＿＿＿

　　　6. 型号规格(订货数量如有变化,请另询价格):＿＿＿＿＿＿＿＿＿＿＿＿＿＿＿

　　　7. 报价有效期:30天＿＿＿＿＿＿＿＿＿＿＿＿＿＿＿＿＿＿＿＿＿＿＿＿＿＿

　　　8. 其他:＿＿＿＿＿＿＿＿＿＿＿＿＿＿＿＿＿＿＿＿＿＿＿＿＿＿＿＿＿＿＿

联系人:＿＿＿＿＿电话:＿＿＿＿＿传真:＿＿＿＿＿邮箱:＿＿＿＿＿　　报价日期:××××年××月××日

内贸报价单举例2：

报 价 单							
报价单位：		联系人：		联系电话：		邮箱：	
客户名称：					报价日期：		
请看以下报价作为参考,如有任何问题请与我们联络							
序号	产品名称	产品类型	规格	数量(吨)	单价(元)	金额(元)	备注
1							
2							
3							
合计小写				合计大写			
备注		1	本报价单有效期15天。供货期:7天以内。				
		2	交货地址：				
		3	货运方式:送货上门				
		4	付款方式：				
		5	报价单内容请确认签名：				
报价人					审批人		

三、报价的方法与技巧

有经验的商人会在报价前做好充分的报价准备,并在报价过程中选择适当的价格术语,以及利用合同中的付款方式、交货期、装运条款、保险条款等条件,与买家讨价还价,也可凭借自己产品的综合优势,在报价过程中掌握主动,从而促进交易。

（一）报价准备工作

（1）充分了解自己产品的构成和特点,以及其他需要掌握的基本知识。比如销售色纺纱线产品,需要了解纱线的原料性能及价格、生产工艺技术难点、色彩特征、生产周期、产量、产品性能、产品用途等。

（2）前期做好市场跟踪调研,清楚产品市场的最新动态。比如类似产品的市场报价、市场需求情况、自身产品的市场竞争优势等等。

（3）了解同行产品情况。只有了解对手的情况,才能知道自己的缺点和优点,及时改正自身缺点,提高自身竞争力。

（二）正确介绍自己

和客户打招呼要规范,往往第一句话很重要,一是要给客户好的印象,二是要给客户传达多的信息。比如"您好,我是精锐棉纺的白先生,有什么可以帮您吗?"比单一的"您好""有什么可以帮您"好很多。

（三）充分了解客户需求

当客户询问某产品时,要了解客户对该产品的具体要求。比如对方需要的纱线产品规格、原料、混纺比、纺纱工艺、数量、包装要求、用途,以及有没有图片或样品提供等。只有充分了解客户意愿,才能给出合理准确的报价。

(四) 选择合适的价格术语

在一份报价中,价格术语是核心部分之一。报价条件包括产品包装、是否包含运费、是否含税等。报价条件不同,产品的价格并不相同。比如客户要求价格再低一些,就可以建议客户更换简单的包装或普通材料,从而节约成本,达到客户需要的价格。

(五) 报价单格式要规范

报价单格式要规范,条理要清楚,内容要全面。除产品外,尽可能在回信中附上一些关于产品的资料,比如包装情况、装箱情况、产品图片、报价有效期、最小起订量、付款条件、优惠条件等。

(六) 报价的方法

(1) 报虚价。就是报高价格。运用这种报价方法,价格中虚报的成分一般较多,为买卖双方的进一步磋商留下了空间。

(2) 报低价。就是把价格报低一点,以此吸引客户,诱发客户进一步洽谈,然后从其他交易条件寻找突破口,再慢慢抬高价格,最终在预期价位成交。运用此种报价方法,风险较大,报出令对方出乎意料的价格,虽然可能将其他竞争对手排除,但自己也会承担难以将价位回升到预期水平的风险。

(3) 先报价。指客户指明产品后让客户报价。采用这种报价方法,便于自己掌握主动,为双方提供了一个价格谈判范围,同时可以给客户一个主观的可能成交价格的印象,从而促进洽谈的进度。

(4) 尾数报价。针对人们对数字的心理,在报价中采用小数、当地风俗偏好的数字,投其所好,使客户更易接受。如产品价格是 14 000 元/t,可报价 13 980 元/t;产品价格为 70 元/件,可报价 69.9 元/件;等等。

四、工厂成本价格

在纱线产品报价过程中,工厂成本价格是最核心因素,客户购买的是纱线产品本身,除去运输、税率等额外费用,产品本身的净价更为客户关注。作为纱线销售人员,准确核算纱线产品工厂成本价格,是一项关键技能。

由于纺纱工艺流程长,品种变化多,原材料及人工成本在纱线产品总生产成本中所占比例较大,此外还涉及水电、管理、包装、运输、机器折旧等成本。纺纱企业多有固定的标准运算程序,对生产成本进行核算与管理。生产中多用标准成本核定纱线生产成本。纺纱企业可先确定直接材料、直接人工(管理)和制造费用的标准成本。

(一) 标准原材料消耗

指生产一吨纱线耗用的纤维原料数量。一般情况下,生产 1 t(1 000 kg)纱线,纯棉精梳纱的用料量在 1 300~1 450 kg,纯棉普梳纱的用料量在 1 080~1 200 kg,涤纶纱的用料量在 1 010~1 060 kg,转杯纺纱的用料量为 1 074 kg。纺棉时,用料量随纱线支数升高而略有增加。计算时,各类原料购买价格乘其所占比例,再乘制成率。

表 2-16 纱线生产标准人工成本举例

纱线品类	纱线线密度 （tex）	标准人工成本 （元/t）	纱线品类	纱线线密度 （tex）	标准人工成本 （元/t）
普梳纱	29.5	3 000	精梳纱	4.9	21 000
普梳纱	9.8	5 500	气流纺	59.1	1 750
精梳纱	29.5	4 000	气流纺	36.9	2 000
精梳纱	18.5	4 500	股线	29.5/2	2 600
精梳纱	14.8	5 000	股线	14.8/2	3 200
精梳纱	9.8	6 000	股线	14.8/2:	4 000
精梳纱	7.3	11 000	股线	9.8/2	8 000
精梳纱	5.9	16 000	竹节纱	9.8	14 000

（二）标准人工(管理)成本

指生产 1 t 或 1 件纱线(100 kg)从投料到完工的正常人工及管理成本,通常由技术生产部门核定。对于色纺纱,纺纱生产管理更加复杂,难以控制,通常需加收色号费。比如就 2017 年的市场价格而言,色比 30％以下加 500 元,31％～50％加 1 000 元,51％～65％加 1 500 元,66％～85％加 2 000 元,全色号系列加 3 000 元。纱线品种不同,工艺难易程度有显著差别,需加收工艺费,竹节纱加 1 000 元,点子纱加 1 500 元,雪花纱(加精落)加 1 500 元,云斑纱加 1 500 元,AB 粗纱加 2 000 元,AB 细纱加 2 500 元,段彩纱加 5 000 元。表 2-16 给出了纱线生产标准人工成本示例。

（三）标准制造成本

制造成本包括产品生产过程中的燃料及动力消耗、易损耗部件消耗、机械维护保养、设备折旧等,根据生产周期内的实际消耗折合成单位产量消耗。

纱线标准制造成本计算较复杂。很多中小型企业为了计算方便,根据以往经验,直接将该部分成本与人工(管理)成本合并,进行较粗略的成本核算。

此外,纱线产品报价还受到订货量、生产周期、生产季节等因素的影响。根据订货量的不同,如 1 t 以内、5 t 以内、5 t 以上,价格上会有很大的区别。订货量大,工厂不需要频繁更换工艺,工人劳动强度较低,显著降低了生产管理和运作成本。因此,订货量越大,产品报价越低。对于生产周期比较紧张的订单,工厂需要进行恰当的调度,甚至影响其他订单的排期,按期交货也有一定风险,常常需要更加严密的管理和更多的人力输出,因此报价上会偏高。

另外,纺纱行业存在较明显的淡季和旺季,淡季来临,同行企业竞争激烈,价格偏低;旺季来临,企业订单排期较满,价格偏高。

（四）工厂成本价格实例

表 2-17 和表 2-18 列举了两种常见的色纺纱成本价格实例,其中表 2-17 为 B65 CVC (60/40)18.5 tex 竹节纱,表 2-18 为 C18.5 tex 咖啡段彩纱。相比于传统环锭纺纱,色纺纱在纤维染色、配色、纺纱工艺等方面都有显著的附加成本,不同色彩、不同结构、不同品质的色纺纱价格,可能存在较大差异。

表 2-17　常规色纺 B65 CVC(60/40)18.5 tex 竹节纱成本价格实例

项目	原料	配比 (%)	价格 (元/吨)	染色费 (元/吨)	费用小计 (元/吨)
B65 CVC (60/40) 18.5 tex 竹节纱	仪征黑涤	40	10 000	—	4 000
	红光黑棉	25	16 400	8 500	6 225
	新疆白棉	35	16 400		5 740
材料费小计	取制成率为 1.12				17 881
加工费	参考 18.5 tex 棉纱市价				4 500
色号费	有色纤维达 65%				1 500
工艺费	特殊品种纱线:竹节纱				1 000
费用总计	—				24 881

表 2-18　C18.5 tex 咖啡段彩纱成本价格实例

项目	原料		配比 (%)	价格 (元/吨)	染色费 (元/吨)	费用小计 (元/吨)
C18.5 tex 咖啡段彩纱	主纱 70%	漂白棉	26	16 400	6 000	4 077
		新疆白棉	74	16 400	—	8 495
	辅纱 30%	驼灰棉	16	16 400	10 000	6 692
		黄棕棉	16.5	16 400	10 000	
		深咖棉	49	16 400	10 000	
		虎黄棉	3	16 400	10 000	
		新疆白棉	15.5	16 400		763
材料费小计	取主纱制成率为 1.18,辅纱制成率为 1.2					23 781
加工费	参考 18.5 tex 棉纱市价					4 500
色号费	有色纤维小于 30%					500
工艺费	特殊品种纱线:段彩纱					5 000
费用总计	—					33 781

 任 务 实 施

一、工厂成本价格核算

来样纱线规格为 JC/T(60/40)14.8 tex 针织面料用麻灰纱,经来样分析及小样试纺,确定原料选取及色纤维配比为本色新疆棉/黑色新疆棉/本色涤(40/20/40)。根据以往生产经验,精梳棉部分制成率取 1.2,涤纶制成率取 1.12,参考以往生产品种,核算该品种工厂成本价格见表 2-19。

表 2-19 来样纱线工厂成本价格核算

项目	原料	配比（%）	价格（元/t）	染色费（元/t）	费用小计（元/t）
JC/T(60/40) 14.8 tex 针织麻灰纱	本色涤	40	8 260	—	3 304
	黑色新疆棉	20.5	16 400	8 500	5 105
	新疆白棉	39.5	16 400	—	6 478
材料费小计	棉纤维部分制成率为 1.2，涤纶制成率为 1.12				17 600
加工费	参考 14.8 tex 棉纱市价				5 000
色号费	有色纤维小于 30%				500
工艺费	特殊品种纱线：云斑纱				1 500
费用总计	—				24 600

二、产品报价单

根据企业内部有关报价的规定，订单纱线 1 t 及以下利润不低于 15%，5 t 及以下利润不低于 10%，5 t 以上不低于 7.5%，淡季利润下降 20% 左右，旺季利润上升 20% 左右，具体视当时市场环境而定。本案中客户订单 5 000 kg，控制利润为 10% 左右为宜。制作产品报价单如下：

××××色纺有限公司报价单

□急件　√重要　□一般　编号：

客户信息

公司名称：××布业有限公司　　　　　　公司地址：××省××市××路××号

联系人：李经理　电话：××××××××　　传真：××××××××　　邮箱：××××××××

产品报价信息

序号	产品名称	规格	品种	数量(t)	单价(元)	小计(元)	备注
1	JC/T(60/40)	14.8 tex	麻灰云斑纱	5	27 060	135 300	
小写合计	￥135 300 元			大写合计	拾叁万伍仟叁佰圆整		

备注：1. 以上报价含 17% 增值税。

　　　2. 交货地址：××××色纺有限公司

　　　3. 付款方式：对公现金转账

　　　4. 包装方式：塑封箱装

　　　5. 供货周期：七天

　　　6. 型号规格（订货数量如有变化，请另询价格）：25 kg/箱

　　　7. 报价有效期：30 天

　　　8. 其他：

　　　联系人：王经理　电话：××××××××　传真：××××××××　邮箱：××××××××

报价日期：2018 年 8 月 3 日

注意:报价具体数值应考虑价格制定策略,使客户更易接受。由于除生产成本外还涉及其他额外成本,如增值税、包装费、运输费等,初次报价时可以暂不增加这些部分,但一定要让客户明确价格构成,以免造成不必要的误会。

 课外拓展

(1) 现有纱线品种为 T/C/R(50/38/12) 18.5 tex 普梳雪花纱,38%细绒棉、50%涤纶、12%黏胶纤维。试根据实际市场行情制作一份产品报价单。

(2) 现有纱线品种为 T/C (90/10) 9.8 tex 普梳段彩纱,10%新疆棉、90%涤纶。试根据实际市场行情制作一份产品报价单。

项目三 市场流行纱线开发与设计

——功能性纤维多元混纺纱线开发

项目基本要求

1. 熟悉纱线市场调研的途径和方法,能够熟练地对纱线产品市场展开调研,并学会撰写简单的市场调研报告。

2. 能从市场调研、市场需求出发,确定新型纱线的设计方向和设计概念,并对产品进行系统性设计。

3. 能够结合现有设备和技术资源,独立进行市场流行纱线的开发与设计,主要包括生产工艺的优化,以及纱线功能或性能的改进设计等,以增强产品的市场适应性。

4. 熟悉企业新产品开发规程,了解技术评审对新产品开发的重要意义,能够对新产品技术评审提供必要的技术资料。

5. 熟悉新型纱线与传统纱线在质量评定中的异同,能结合新型纱线的具体品种确定合适的质量检测项目,并组织实施。

6. 能够针对新型纱线企业本身或某款新型纱线产品制定简单的市场推广方案。

项目任务

因公司战略调整,研发部接到任务将要进军功能性纤维多元混纺纱线市场。研发部拟率先研发一类或一款市场流行纱线,树立品牌形象,并以此为基础正式进入该纱线市场领域。

首先要求研发部对该市场进行全面的了解,结合公司自身情况,以一类产品或一款产品为中心,拟定市场调研方案,展开全面的市场调研,熟悉其产品的品种类别、市场情况、主要竞争对手情况、应用情况、流行与发展趋势,以及产品的核心生产与管理技术等,在全面市场调研的基础上撰写调研报告,提出公司拟开发的产品项目,并做出适当的可行性论证分析。调研报告获得审批后,对该产品项目做出具体的设计,并组织进行工艺试纺和工艺优化,确定最佳生产工艺,样品送检通过技术评审后,定制市场推广方案,为产品打入市场做好充分的前期准备工作。

任务一 产品市场调研计划

初步了解功能性纤维多元混纺纱线市场,并选取其中一类或一款产品为目标,使用恰当

的方法,围绕产品的品种类别、市场情况、主要竞争对手情况、应用情况、流行与发展趋势,以及产品的核心生产与管理技术等内容,制定合理的市场调研方案,并组织实施调研。

市场调研是指为了提高产品的销售决策质量,解决存在于产品销售中的问题或寻找机会等方面,系统、客观地识别、收集、分析和传播营销信息的工作。市场调研是企业制定产品研发与营销计划和策略的基础工作。没有市场调研,产品研发与营销计划和策略的制定就没有依据,也就制定不出切实可行的计划和策略。市场调研提供了可作为决策基础的信息,弥补了信息不足的缺陷,了解了外部信息及市场环境变化,是产品开发与市场营销活动的重要环节。

一、市场调研的步骤

(一)确定市场调研目标

市场调研的目的在于帮助企业准确做出经营战略和营销决策。在市场调研之前,须先针对企业所面临的市场现状和亟待解决的问题,如产品销量、产品寿命、广告效果等,确定市场调研的目标和范围。

(二)确定所需信息资料

市场信息浩若烟海,企业进行市场调研时,必须根据已确定目标和范围,收集与之密切相关的资料,而没有必要面面俱到。纵使资料堆积如山,如果没有确定的目标,也只是事倍功半。

(三)确定资料搜集方式

企业在进行市场调研时,收集资料必不可少。收集资料的方法极其多样,企业必须根据所需资料的性质选择合适的方法,如试验法、观察法、调查法等。

(四)搜集现成资料

为有效地利用企业内外现有资料和信息,首先应该利用室内调研方法,集中搜集与既定目标有关的信息,包括企业内部经营资料、各级政府统计数据、行业调研报告和学术研究成果等。

(五)设计调查方案

在尽可能充分地占有现成资料和信息的基础上,根据既定目标的要求,采用实地调查方法,获取有针对性的市场情报。市场调查几乎都是抽样调查,其最核心的问题是抽样对象的选取和问卷的设计。如何抽样,须视调查目的和准确性要求而定;问卷的设计更需要有的放矢,完全依据所要了解的内容拟定问句。

(六)组织实施调研

实地调查需要调研人员直接参与,调研人员的素质影响着调查结果的正确性,因而首先必须对调研人员进行适当的技术和理论训练;其次应该加强调查活动的规划和监控,针对调查中出现的问题及时调整和补救。在调查结果不足以揭示既定目标要求及信息广度和深度时,还可采用实地观察和试验方法,组织有经验的市场调研人员,对调查对象进行公开和秘密的跟踪观察,或进行对比试验,以获得更具有针对性的信息。

(七)统计分析结果

对获得的信息和资料进行进一步统计分析,提出相应的建议和对策,这是市场调研的根本目的。市场调研人员须以客观的态度和科学的方法进行细致的统计计算,以获得高度概括性的市场动向指标,并对这些指标进行横向和纵向的比较、分析和预测,以揭示市场发展的现状和趋势。

(八)准备研究报告

市场调研的最后阶段是根据比较、分析和预测结果写出书面调研报告,一般分专题报告和全面报告,阐明针对既定目标所获结果,以及建立在这种结果基础上的研发思路、可供选择的行动方案和今后进一步探索的重点。

二、市场调研形式

市场调研大致可分为两种不同的形式,或者说两个不同的阶段,这就是实地调查和室内调研,又称初级调研阶段和次级调研阶段。

(一)实地调查

实地调查是指企业集中搜集可用于市场分析的第一手信息,通常采用的办法是询问、观察和试验,然后用统计方法汇总和信息分类。实地调查就是运用科学的方法,系统地现场搜集、记录、整理和分析有关市场信息,了解商品在供需双方之间转移的状况和趋势,为市场预测和经常性决策提供正确可靠的信息。

企业自行展开的实地调查,对于企业准备、实施或调整经营战略和经营决策,都是不可缺少的。仅仅依靠室内调研的结果,匆忙进行经营决策,往往会失之偏颇。反之,企业自行展开的实地调查,可以利用询问、观察和试验的方法,针对企业在室内调研中未能确认的问题,寻找确凿的答案。这就是说,实地调查可以按照企业的迫切需要进行设计,可以解决企业迫切需要解决的问题,因此是针对性和实用性都很强的市场调研方法。

1. 实地调查范围

包括市场需求调查、消费行为调查、产品调查、价格水平调查、分销渠道调查、竞争对手调查、技术资金调查、市场环境调查、广告媒体调查等。

2. 实地调查对象

实地调查对象主要包括客户及潜在客户及竞争对手。

3. 实地调查方法

从调查人员与调查对象之间的关系看,可以把实地调查方法分为询问法、观察法、试验法,其中询问法又可以依据调查人员与调查对象的接触方式不同,分为面谈询问、书面询问和电话询问。

询问法是利用调查人员和调查对象之间的语言交流,获取信息的调查方法。询问法的特点是调查人员将事先准备好的调查事项,以不同的方式向调查对象提问,将获得的调查对象的反应收集起来,作为市场信息。面谈询问,即调查人员按照选出的调查样本和规定的访问程序进行的个人面谈或小组面谈,是最常用的调查方法。电话询问,即调查人员按照抽样规定用电话询问调查对象。这种方法的主要优点在于能迅速取得所需信息,调查人员不会对调查对象产生心理"压迫"。书面询问,即将设计的书面材料交与或邮寄给调查对象,请其填写,再收回或寄回。这种方法的主要优点是可以用于样本广泛分布的较大地域,答复时间相对充裕,调查成本比较低,但各地答案多寡不一,误差较大,调查对象可能误解问题的含义,不适宜询问较多问题,调查时间较长,无法获得观察资料。

观察法就是调查人员通过直接观察和记录调查对象的言行,搜集信息资料的方法。这种方法的特点是调查人员与调查对象不发生对话,甚至不让调查对象知道自己正在被观察,使得调查对象的言行完全自然地表现出来,从而可以观察了解调查对象的真实反应。这种方法的缺点是无法了解调查对象的内心活动及其他可以用询问法获得的一些资料,如收入情况、潜在购买需求和爱好等。观察法主要用于零售商家了解顾客和潜在顾客对商店商场的内部布局、进货品种、价格水平和服务态度等方面的看法。

试验法是目前普遍应用在消费品市场的调查方法。凡是要调查商品品种、品质、包装、价格、设计、商标、广告以及陈列方式时,都可以采取试验法。

（二）室内调研

室内调研有两重含义:一是企业搜集、整理和统计企业内外现成信息,这是"调查"的过程;二是企业搜集、整理和统计的企业内外现成信息和有针对性地开展的实地调查结果结合起来,进行统计、分析、预测和利用,以便为企业的经营战略和营销决策提供依据,这是"研究"的过程。

企业在进行市场调研时,从成本效益角度考虑,首先要进行的不是实地调查,而是室内研究,以便充分利用企业内外已经存在的信息。以一家纱线生产企业为例,可以先行搜集、整理和分析企业已经掌握的本地区乃至全国纱线市场的信息,以及国家和地方政府统计部门发布的行业市场统计数据,这就是室内研究过程。若仍需要特定的市场信息,再开展对下游面料商的调查,弄清面料发展潮流趋势,以及他们对纱线的需求,由此确定纱线产品的需求状况。这一过程就是实地调查。

1. 室内调研的步骤

确定信息需求→确定信息内容→分析信息来源→确定收集方法→组织搜集工作→分析调研成果。

2. 室内调研的信息来源

信息来源可以包括企业内部资料、政府统计信息、政府或行业专门出版物、行业统计资料、咨询公司情报、学术研究成果、互联网特别是专业行业网站等。

3. 资料搜集途径

资料搜集的一般途径包括:订购公开出版物;从有关情报机构、信息咨询机构、信息预测部门获取信息资料;国家和上级主管机构发布的各种政策文件、法规、通知、计划等;与有关单位进行资料交换;通过各种经常性联系部门获取有关信息资料;通过各种展会、会议、广告等搜集资料,如上海纱线展、面料展、家纺展、纺织营销高峰会议等;通过企业建立长期的人际关系网搜集所需要的信息等。

国际市场信息资料搜集途径包括：出国考察、进修、讲学，参加国际性会议；通过官方与企业驻外机构和经贸信息系统；与国际机构建立信息往来制度，如联合国开发计划署、联合国统计司、世界银行、国际货币基金组织、世界贸易组织、跨国公司中心、欧洲经济共同体，以及许多国家和地区官方、半官方的信息机构；从竞争对手获取信息资料等。

以上搜集情报的手段，从道德观念上评论，可能引起争议。但在激烈的市场竞争中，企业利用各种合法的手段获取所需的信息资料，往往是必要的，同时也是合理的。

 任务实施

研发部门经过初步的市场勘察，结合本企业设备资源情况，拟开展具有抗菌功能的多元混纺纱线市场调研，具体制定市场调研方案如下：

任务案例：抗菌功能多元混纺纱线市场调研方案

一、调研背景

随着人民生活水平的提高和人们健康环境意识的增强，抗菌纺织品的需求必将构成潜在的巨大市场，抗菌纺织品的生产将成为一个重要的产业领域。欧美纺织品市场行情显示，为了以更多的卖点参与市场的激烈竞争，一些著名公司纷纷把抗菌纺织品作为新型织物推向市场，取得了很好的市场业绩。这些公司包括意大利的 Texapel 公司、美国的 Nipkow & Kobelt 公司。日本的一些高科技纺织公司也争先恐后地推出抗菌面料及织物，如 Eclat Textile 公司主要推出透气抗菌织物，以迎合年轻服装设计师和运动服公司。保护自然、珍爱生命、科学预防、科学减少疾病，是世界健康的主流，开发生产抗菌纺织品将产生良好的经济效益和社会效益。

抗菌功能纱线具有功能持久、终端产品开发面广的特性，是抗菌纺织品的重要原料。当前，经济在高速增长，科技也在高速发展，抗菌功能纱线作为环保和健康产品，它的全面应用可将医疗保健模式从事后治疗转变为事前预测和预防。抗菌功能纱线对提高我国卫生保健水平和降低公共环境交叉感染具有重要作用，市场广阔。然而，我国在这方面的研究起步较晚，发展空间还很大。

二、调研目的

（1）调研抗菌功能多元混纺纱线市场的行业现状。
（2）调研抗菌功能多元混纺纱线的核心生产管理技术及产品应用情况。

三、调研内容

1. 行业现状
（1）抗菌功能多元混纺纱线的相关行业政策、抗菌性能评价标准。

（2）本省及附近地区抗菌功能多元混纺纱线的主要生产厂商及竞争力情况。

（3）抗菌功能多元混纺纱线的主要客户群及市场销售情况。

（4）抗菌功能多元混纺纱线的商品名称、售价情况。

2. **核心生产管理技术及产品应用**

（1）抗菌功能多元混纺纱线的原料种类、常用混纺比、原料市场价格。

（2）抗菌功能多元混纺纱线的核心生产与管理技术。

（3）抗菌功能多元混纺纱线的流行与发展趋势。

（4）抗菌功能多元混纺纱线的应用情况。

四、调研范围

（1）各大行业平台网站，相关政府部门、主要行业协会网站，主要竞争对手网站等。

（2）中国知网、万方数据库的相关文献资料。

（3）行业展销会、订货会、产品鉴定会、学术交流会等。

（4）竞争对手与潜在客户群。

五、调研方法

1. **询问法**

深入竞争对手和潜在客户群内部进行面谈询问，围绕产品品种信息、销售情况、售价情况、核心生产技术、应用需求、流行趋势等方面展开调研。面谈前须准备好讨论的议题和主要内容。

2. **观察法**

通过参加行业展销会、订货会、产品鉴定会、学术交流会等，观察该类新产品开发思路、流行趋势、核心生产技术、竞争对手综合实力等。

3. **资料搜集法**

在各大行业平台搜集近一年的相关产品供求信息、市场报价情况；在主要行业协会和相关政府部门网站搜集相关行业政策及质量评价标准信息；在主要竞争对手网站收集相关产品品种、售价、宣传渠道和方法等信息；在学术网站搜集相关产品类别、功能原理、混纺成分及比例、核心生产技术、应用情况等。

六、调研对象及样本确定

1. **现场询问**

分别联系本地区有影响力的竞争对手和潜在客户5～10家。

2. **观察法**

参加下一季度大型纱线博览会或展销会。如近期无相关产品鉴定会、学术交流会，可邀请相关方面的专家进行个别访谈，了解他们对该类产品情况的判断，作为重要参考。

3. **资料搜集法**

搜集近一年内的相关产品信息。

七、调研程序及进度安排

4月1日～3日:制定调研方案。

4月4日～8日:调研前准备,设计调研内容,培训相关调研成员。

4月9日～15日:实施调研。

4月16日～21日:汇总调研信息,整理分析,撰写调研报告。

八、调研经费预算

(1) 文件印制费:＊＊＊元。

(2) 交通费、住宿费、误餐费:＊＊＊元。

(3) 专家咨询费:＊＊＊元。

(4) 其他费用:＊＊＊元。

九、调研团队成员工作分配

(1) 总负责人:＊＊＊。

(2) 现场询问组负责人:＊＊＊;成员:＊＊＊、＊＊＊。

(3) 专家咨询负责人:＊＊＊。

(4) 观察组负责人:＊＊＊;成员:＊＊＊、＊＊＊。

(5) 资料搜集组负责人:＊＊＊;成员:＊＊＊、＊＊＊、＊＊＊、＊＊＊。

(6) 信息处理负责人:＊＊＊。

(7) 报告撰写负责人:＊＊＊。

(1) 讨论如何有效获取竞争对手的相关技术信息。

(2) 讨论专家访谈对产品开发决策的意义。

(3) 公司拟开发一款高档婴幼儿内衣面料用纱线,试制定一份市场调研方案并开展相关调研工作。

任务二　产品市场调研报告

收集前期市场调研数据信息,整理并完成《关于抗菌功能多元混纺纱线的市场调研报告》。要求对抗菌功能多元混纺纱线的市场行情做出准确的剖析,对其核心生产技术有正确的把握,同时对公司下一步的研发计划提出合理性的建议。

市场调研报告是在对目标市场了解、分析及研究的基础上做出的,一般供企业的经营管理者或相关机构负责人阅读。因此,撰写市场调研报告时,一定要做到言简意赅、条理清晰。调研报告是方法、手段,一定要通过这些资料为决策者提供依据。

特别要注意的是,对调研结果进行统计、分析和预测后所获得的信息,要达到如下要求:

(1)准确性。对于市场的调查,必须坚持科学的态度、求实的精神,客观地反映事实。要认真鉴别信息的真实性和可信度,要求做到信息的根据充分、推理严谨、准确可靠。

(2)及时性。任何市场信息,重要的情报,都有极严格的时间规定性,所以市场调研必须适时提出、迅速实施、按时完成,所得信息情报要及时利用。

(3)针对性。市场信息多如牛毛,不应该也不可能处处张网,所以市场调研首先要明确目的。根据目的的要求,有的放矢,以免劳民伤财、事倍功半。

(4)系统性。市场信息在时间上应有连惯性,在空间上应关联性。随着时空的推移和改变,市场将发生日新月异的变化,信息也将不断扩充。企业对市场调研资料加以统计、分类和整理,并提炼为符合事物内在本质联系的情报,而不是一个"杂烩"。

(5)规划性。市场信息面广量大,包罗万象。因此,要做好信息管理工作,必须加强计划性,既要广辟信息来源,又要分清主次、突出重点;既要持之以恒,又要注意经济效益;既要充分利用各方面的力量,又要有专业化的组织和统一管理。

(6)预见性。市场信息的搜集和整理,既要满足当前经营决策的需要,又要分析变化的未来趋势,预见今后的发展。

一、市场调研报告格式

市场调研报告的格式一般由标题、目录、概述、正文、结论与建议及附件等几部分组成。

(一)标题

标题和报告日期、委托方、调查方,应打印在扉页上。一般要在与标题同一页上,将被调查单位、调查内容明确而具体地表达,如《关于长三角地区色纺纱市场的调研报告》。有的调研报告采用正、副标题形式,正标题表达调查的主题,副标题则具体表明调查的单位和问题。

(二)目录

如果调研报告的内容、页数较多,为了方便读者阅读,应当使用目录或索引形式,列出报告的主要章节和附录,并注明标题、章节号码及页码。一般来说,目录的篇幅不宜超过一页。

(三)概述

概述主要阐述调研的基本情况,它是按照市场调查课题的顺序将问题展开,并阐述对调查的原始资料进行选择、评价、做出结论、提出建议的原则等。主要包括三方面内容:

第一,简要说明调查目的,即简要地说明调查的由来和委托调查的原因。

第二,简要介绍调查对象和调查内容,包括调查时间、地点、对象、范围、调查要点及所要解答的问题。

第三,简要介绍调查研究的方法。介绍调查研究的方法,有助于相关人员确信调查结果的可靠性,因此对所用方法要进行简短叙述,并说明选用方法的原因。例如,采用抽样调查法还是典型调查法、实地调查法还是文案调查法。另外,对分析中使用的方法,如指数平滑分析、回归分析、聚类分析等,都应简要说明。如果部分内容很多,应有详细的工作技术报告加以说明补充,附在市场调研报告最后部分的附件中。

(四)正文

正文是市场调研报告的主体部分。这个部分必须准确阐明全部有关论据,包括问题的提出到引出的结论、论证的全部过程、分析研究问题的方法;还应有可供市场活动的决策者进行独立思考的全部调查结果和必要的市场信息,以及对这些情况和内容的分析评论。

(五)结论与建议

结论与建议是撰写综合分析报告的主要目的。这个部分包括对引言和正文部分所提出的主要内容的总结,提出如何利用已证明为有效的措施,以及解决某个具体问题可供选择的方案与建议。结论与建议和正文部分的论述要紧密对应,不可以提出无证据的结论,也不能提出没有结论性意见的论证。

(六)附件

附件是指市场调研报告正文不能包含或没有提及,但与正文有关,必须附加说明的部分。它是对正文的补充或更详尽的说明,包括数据汇总表及原始资料背景材料和必要的工作技术报告等,例如为调查选定样本的有关细节资料及调查期间所使用的文件副本等。

二、市场调研报告的内容

市场调研报告的主要内容包括:第一,说明调查目的及所要解决的问题;第二,介绍市场背景资料;第三,分析的方法,如样本的抽取及资料的收集、整理、分析技术等;第四,调研数据及分析;第五,提出论点,即摆出自己的观点和看法;第六,论证所提观点的基本理由;第七,提出解决问题可供选择的建议、方案和步骤;第八,预测可能遇到的风险、对策。

三、市场调研报告的撰写技巧

撰写市场调研报告的技巧主要包括表达的技巧、图标运用的技巧等,其中表达的技巧包括叙述的技巧、说明的技巧、议论的技巧、语言运用的技巧等。

(一)叙述的技巧

叙述主要用于市场调研报告的开头部分,叙述事情的来龙去脉,表明调查目的和根据、调查的过程和结果。调研报告常用的叙述技巧有概括叙述、按时间顺序叙述。

概括叙述是将调查过程和情况概略地陈述,不需要对事情的细节加以说明,这是一种"浓缩型"的快节奏叙述,文字简约,一带而过,给人以整体和全面的认识,适合市场调研报告快速及时地反映市场的需要。按时间顺序叙述是指在叙述调查的目的、对象、经过时,按时间顺序进行叙述的方法,次序井然,前后连贯。

(二)说明的技巧

常用的有数字说明、分类说明、对比说明和举例说明等。

数字说明:反映市场变化发展情况的市场调研报告需要大量的数据,以增强调研报告的精确性和可靠性。分类说明:市场调研中所获资料杂乱无章,根据主要表达的需要,可将调查数据资料按一定标准分为几类,分别说明。对比说明:市场调研报告中有关情况、数字说明,往往采用对比形式,以便全面深入地反映市场变化的情况,对比要清楚事物的可比性,在同标准的前提下,做切合实际的比较。举例说明:为说明市场发展变化情况,举出典型事例,这也是常用的方法,市场调查中会遇到大量事例,应从中选取有代表性的例子。

(三)议论的技巧

市场调研报告常用的议论技巧有归纳论证和局部论证。归纳论证:市场调研报告在拥有大量材料之后,经过分析研究,得出结论,从而形成论证,这一过程主要运用议论方式,所得结论是从具体事实中归纳出来的。局部论证:市场调研报告不同于议论文,不可能全篇论证,只在情况分析和对未来预测中做局部论证。

(四)语言运用的技巧

语言运用的技巧主要包括用词方面的技巧。市场调研报告中,数词用得比较多,因为市场调研离不开数据,很多问题需要用数据说明。可以说数词在市场调研报告中以其独特的优势,越来越显示其重要作用。此外,经常使用专业词汇,反映市场的发展变化。为使语言表达准确,撰写调研报告的人员须熟悉市场有关专业术语。

(五)图标运用的技巧

市场调研报告中合理运用图表可以有效表达数据资料。成功运用图表的关键在于清晰简洁地表达报告所要传达的信息。图表的选择应适合数据的表述目的。一般图表包括表格、饼形图、柱状图、三维分布图、流程图和照片等。

 任务实施

收集前期市场调研数据信息,整理并完成《关于抗菌功能多元混纺纱线的市场调研报告》。

任务案例:关于抗菌功能多元混纺纱线的市场调研报告

一、概述

我国自 20 世纪 80 年代开始进行抗菌纺织品的研究与应用。抗菌纺织品发展至今,主要分为两大类:一类是经后整理加工而制成的抗菌纺织品,由于其工艺简单、抗菌剂选择余地大、适用性广等特点,得到了广泛应用。但此类抗菌纺织品在应用中凸显出许多问题,如抗菌效果持久性、溶出物对人体的安全性等。另一类是由抗菌纤维纺成纱线,再经织造而制成的抗菌纺织品。与后整理抗菌纺织品相比,抗菌纤维制品显示出更大的优势,具有抗菌性能优良、持久(耐洗性)及安全性高和使用舒适的特点。

1. **抗菌纤维概述**

抗菌纤维是采用物理或化学方法,将具有能够抑制细菌生长的物质引入纤维表面及内

部而得到的,抗菌剂不仅要在纤维上不易脱落,而且要通过纤维内部平衡扩散,保持持久的抗菌防臭效果。目前,抗菌纤维大致分为天然抗菌纤维和人工抗菌纤维两大类。

(1)天然抗菌纤维。天然抗菌纤维是指本身具有抗菌功能的天然纤维。其中,抗菌作用强,具有线性大分子结构,成纤性好的,主要有甲壳素与壳聚糖纤维、麻纤维和竹纤维等。

① 甲壳素与壳聚糖纤维。甲壳素是一种天然生物高分子聚合物,又称甲壳质、几丁质,是一种特殊的纤维素,广泛存在于低等植物菌类、藻类的细胞,节肢动物(虾、蟹)、蝇蛆和昆虫的外壳,贝类、软体动物的外壳和软骨中。壳聚糖具有优良的抗菌性能。甲壳素、壳聚糖纤维对大肠杆菌、枯草杆菌、金黄色葡萄球菌、乳酸杆菌等常见菌种,具有很好的抑菌作用。甲壳素、壳聚糖纤维制成的医用敷料,可以使肉芽新生,促进伤口愈合,临床上具有镇痛、止血的功效。甲壳素纤维具有优秀的抗菌性能,有文献资料显示,当甲壳素纤维混纺比为8.5%时,其对金黄色葡萄球菌的抑菌率可达到65.54%,对大肠杆菌的抑菌率可达到63.09%。

② 麻纤维。麻纤维如苎麻、大麻、亚麻、罗布麻等,都具有天然抗菌和抑菌防臭功能,属于天然的绿色环保纤维。麻纤维制成的织物舒适、透气,具有抑菌性能,同时具有抗紫外线和防静电的功能。麻纤维普遍含有抗菌性的麻甾醇等有益物质,不同的麻纤维含有不同的有助于卫生保健的化学成分。比如,苎麻含有丁宁、嘧啶、嘌呤等成分,对金黄色葡萄球菌、大肠杆菌有一定的抑制作用;大麻纤维中的大麻酚类物质在抗菌功效发挥中起着关键作用,它可以阻碍霉菌代谢作用和生理活动,破坏菌体结构,最终导致微生物的生长繁殖被抑制,使菌体死亡;亚麻能散发出对细菌的生成有很强抑制作用的香味,同时,纤维的色素中含有鞣质,可使蛋白质、生物碱沉淀,具有抗菌作用;罗布麻含有多种药用化学成分,其中黄酮类化合物,甾体、鞣质等酚类物质,麻甾醇、蒽醌等,均有不同程度的抗菌性能。

③ 竹纤维。竹纤维的抗菌性是因为纤维中含有天然抗菌成分"竹醌"。生活中的大部分细菌是阴性的,而竹纤维中的醌是阳性的,它们相遇时就会阴阳相克,而且醌能破坏细菌的细胞壁,使细菌的生存能力减弱,从而减少细菌的数量。含阳性"竹醌"的竹纤维尤其适合预防妇科疾病,可广泛用作妇女内裤及女性卫生用品。

(2)人工抗菌纤维。人工抗菌纤维是在无抗菌功能的纤维中添加抗菌剂而得到的具有抗菌功能的纤维。人工抗菌纤维的加工方法有共混纺丝法、复合纺丝法、接枝改性法、离子交换法、湿纺法和后整理法等。

① 共混纺丝法。共混纺丝法主要针对没有反应性侧基的纤维,如涤纶、丙纶等,在聚合阶段或纺丝原液中加入抗菌剂,用常规纺丝设备进行纺丝,制得具有抗菌效果的纤维。此方法一直是开发功能性纤维的主要手段,其优点是能够将抗菌剂均匀分布在纤维中,所制得的纤维抗菌性能稳定、持久。但此法采用的抗菌剂需耐高温,与聚合物的相容性要好,分散性要符合纺丝的要求。共混纺丝法主要有母粒法和改性切片法。

母粒法是将少量聚合物切片与抗菌剂混合制成抗菌母粒,然后将抗菌母粒与聚合物切片混合纺丝。该方法的优点是抗菌剂的分散效果好,母粒中抗菌剂的浓度高,但工艺流程长,切片的特性黏度较大,生产成本较高。

改性切片法是指在聚合过程中将抗菌剂均匀地分散在聚合体系中,制得抗菌聚合物切片,用切片纺丝得到抗菌纤维。改性切片较常规切片的熔点低,干燥过程中要适当降低温度,延长干燥时间,以避免切片黏结。

② 复合纺丝法。复合纺丝法利用含有抗菌成分与其他不含抗菌成分的纤维,通过复合纺丝组件制成皮芯型、并列型、镶嵌型、中空多芯型等结构的抗菌纤维。与共混纺丝法相比,复合纺丝法有以下优点:抗菌剂的用量少,减少了抗菌剂的引入对成品纤维的物理力学性能的影响。但是,复合纺丝法具有喷丝板加工难度大、生产成本高的缺点。

③ 接枝改性法。接枝改性法是通过对纤维表面进行改性处理,进而通过配位化学键或其他类型的化学键结合具有抗菌作用的基团,使纤维具有抗菌性能的一种加工方法。采用此法时,需先对纤维表面进行处理,使纤维表面产生可与带有抗菌基团的化合物进行接枝的作用点,再将带有抗菌基团的化合物与处理后的纤维结合,制得抗菌纤维。此方法的优点是产品抗菌效果好且耐久,杀菌速度快,安全性高,缺点是可供选择的抗菌基团种类有限、反应条件严格。

④ 离子交换法。离子交换法采用具有离子交换基团(如磺酸基或羧基)的纤维,通过离子交换反应,使纤维表面置换上一层具有抗菌性能的离子(一般为 Ag^+ 或 Ag^+ 与 Cu^{2+} 或 Ag^+ 与 Zn^{2+} 的混合物)。据报道,由这种方法制得的纤维,由于金属离子与纤维的离子交换基团形成离子键,具有持久的抗菌效果。

⑤ 湿纺法。湿纺法是将合适的抗菌剂在有机溶剂中溶解后加入纺丝原液中,经过湿纺制得抗菌纤维。所制得的抗菌纤维属溶出型抗菌方式,即在使用中,抗菌剂不断扩散到纤维表面,从而具有抗菌效果。目前,此法一般用于抗菌聚丙烯腈纤维的制造。适用于此法的抗菌剂多为无机类,如银、铜的金属离子等。

⑥ 后整理法。后整理法采用抗菌液对纤维进行浸渍、浸轧或涂覆处理,通过高温焙烘或其他方法,将抗菌剂固定在纤维上。常用的方法有表面涂层法、树脂整理法、微胶囊法等。后整理法无需大的设备投资,加工方便,可选择的抗菌剂范围广泛,可以处理各类纤维,特别是天然纤维。但由此法制得的抗菌纤维不耐洗涤,抗菌持久性不好。

2. 抗菌功能纱线概述

抗菌功能纱线根据选用原料、混纺比、纺纱方法等不同,分为多个品种和类别,其抗菌功能也各不相同,已广泛应用于多种纺织制品。

(1)原料选用。目前市场上较为常见的抗菌纤维原料来自天然纤维中的竹纤维、麻纤维、甲壳素纤维等,以及通过各种加工方法添加抗菌剂制成的人工抗菌纤维,如镀银纤维、抗菌涤纶、抗菌黏胶纤维、抗菌腈纶等。其中,竹纤维是应用最广泛的抗菌纤维原料。根据选用原料的不同,可以将抗菌功能纱线分为三类。

① 纯纺抗菌功能纱线。采用单一抗菌纤维纺制的纱线,常见的有竹纤维纱、麻纤维纱、抗菌涤纶纱、抗菌黏胶纤维纱等。此外,具有抗菌功能的长丝纱也较为常见。考虑到生产成本、工艺纺制难度及成品面料的使用性能等因素,纯纺抗菌功能短纤纱一般不能成为客户的首选。

② 抗菌功能多组分混纺纱线。抗菌功能纱线多为双组分或多组分混纺纱,常见的主要混纺原料有棉、黏胶纤维、竹纤维等,其混纺原料的选择主要考虑产品的最终用途。抗菌短

纤纱多用于贴身服装及家用、医用纺织品领域,因此产品的亲肤性能显得尤为重要。棉和黏胶等纤维具有较好的穿着舒适性,且具有良好的物理化学性能,是生产抗菌功能纱线的良好搭档。

③ 组合功能纱线。抗菌纤维结合其他功能纤维原料可生产具有组合功能的纱线制品,如 14.8 tex 抗菌抗紫外纱线,原料选用 20％新疆棉、50％抗菌涤纶、30％抗紫外黏胶纤维。有些抗菌纤维本身具有其他功能,如抗菌吸湿排汗纤维、抗菌中空纤维、抗菌护肤保健纤维(如薄荷黏胶纤维)、抗菌抗静电防辐射纤维(如锦纶镀银纤维)等。

(2)纺纱方法。抗菌功能纱线和普通纱线一样,可以选择不同的纺纱方法。由于此类纱线一般是中高端纱线产品,对纱线条干、强力、毛羽等有较高的要求,常采用传统环锭纺工艺,结合赛络纺、紧密纺、包芯纺等技术。9.8 tex、7.3 tex 及更细的细支纱,有时制成股线后使用。

(3)抗菌纺织品的主要应用。国内外抗菌纺织品的应用范围广泛,在纺织品中所占比例逐渐增大,其主要应用有如下几个方面:

① 抗菌医护用品。用抗菌纤维或织物制成手术服、医用缝合线、绷带、纱布、口罩、拖鞋、护士服、病员服等,可以大大减少医院的细菌浓度。如用 65％掺沸石抗菌纤维和 35％棉制成的抗菌织物,经抗菌试验表明,对金黄色葡萄球菌、大肠杆菌、肺炎杆菌、沙门氏菌、枯草杆菌、黑霉、青霉等多种细菌具有抗菌性,洗涤 50 次后该织物对肺炎杆菌的灭菌率为 74％,洗涤 150 次后灭菌率仍可达到 69％。

② 抗菌服装及家用纺织品。抗菌织物可广泛用作内衣及贴身服装,特别是女士及婴幼儿内衣,如竹纤维制品对于预防女性妇科病效果显著。各种家用纺织品如床单、被罩、毛巾、手套、抹布、布玩具等,也开始使用抗菌织物。用抗菌织物制成的床单、被罩能有效抑制和灭杀多种致病菌,对多种湿疹、皮炎、褥疮、去除汗臭及预防交叉感染等具有特殊作用。

③ 抗菌产业用纺织品。帐篷、地毯、广告布、遮阳布、过滤布、各类军用布、绳带、布袋等产业用纺织品,也已开始使用抗菌织物。如使用抗菌织物制成的过滤介质,可以使一些物质经过滤后细菌不增加、不繁殖,甚至减少;使用抗菌纤维增强水泥制成的抗菌混凝土,常用于医院病房、动物园围墙等细菌较多且容易繁殖的地方。在汽车行业,使用抗菌织物制成汽车内部装饰布,可获得全新概念的抗菌汽车,这对于汽车驾驶员,尤其是出租车驾驶员,非常有意义。另外,食品、制药行业的食品覆盖布、工作服等,都已开始使用抗菌织物。

二、市场行情

1. 市场销售情况

抗菌功能纱线属于功能性纱线的一个分支,是一个新兴的产业领域,因其特殊的功能特性,目前占据特有的市场领域。随着人们生活水平的提高和健康意识的增强,对于抗菌功能纺织品的需求,势必构成巨大的潜在市场。

2. 竞争对手情况

普通的抗菌功能多组分混纺纱线,其生产技术难度不高,如竹纤维混纺纱、甲壳素混纺纱等。此类纱线的供应商之间竞争激烈,国内大型棉纺企业一般都具备生产能力,很多中小型纱线生产企业能提供更有竞争力的价格。根据 2016 年江苏省统计年鉴,规模以上纺织企业数量多达 4 632 家,其中纺纱企业约 2 000 家,市场竞争趋于饱和。目前市场上专门生产抗菌功能纱线的企业较少,多为生产特种纱线或功能性纱线的新型企业。在江苏省及周边地区,具有抗菌功能纱线生产能力的企业较多,但在生产技术水平、生产规模、品牌形象等方面形成直接竞争的企业为数不多,有较强竞争力的对手包括 A 公司、B 公司及 C 公司。A 公司多年来具有绝对市场竞争力的产品为纯棉高支纱,在混纺纱领域,特别是多组分混纺纱领域涉足较少,但其品牌形象较好,一旦涉足该产品,将产生较大竞争力。B 公司主要生产涤棉、黏棉系列混纺纱,产品主要为中特至中细特纱,具有较强的直接竞争关系。C 公司以生产各类小批量高品质色纺纱线而著名,技术力量雄厚,常年涉及多组分混纺纱线,但目前尚未涉及抗菌功能色纺纱的生产。

3. 潜在客户群情况

抗菌功能纱线可广泛应用于服装、家用纺织品、医护用品及相关产业用纺织品领域,产品主要面向下游特种面料或功能面料企业。

4. 原料与成纱价格行情

目前市场上较为常见的抗菌纤维及其纱线制品的参考报价见表 3-1,可以看到,不同品种的抗菌纤维的价格差异较大。其中,镀银纤维的价格较高,其纱线制品的价格也较高,与其他抗菌纤维相比,产品附加值较高。镀银纤维还具有良好的防辐射性能,是孕妇防辐射服装的主要原料之一。在所有抗菌纤维中,竹纤维应用最广泛且价格较低。大部分抗菌纤维纱线的制造成本较接近。

表 3-1　常见抗菌纤维及其纱线制品的参考报价

抗菌纤维品种	纤维参考报价(元/t)	抗菌功能纱线品种	线密度(tex)	纱线参考报价(元/t)
新疆棉(对比样)	16 200	100%新疆棉	14.8	28 000
新疆棉(对比样)	16 200	60%新疆棉,40%涤纶	14.8	24 100
竹纤维	15 500	30%新疆棉,70%竹纤维	14.8	24 500
甲壳素纤维	49 500	90%新疆棉,10%甲壳素	14.8	45 000
亚麻	20 000	45%长绒棉,55%亚麻	14.8	66 000
锦纶镀银纤维	980 000	47%长绒棉,47%竹纤维,6%锦纶镀银	9.8	149 000
锦纶镀银纤维	980 000	42%长绒棉,43%木代尔,15%银纤维	29.5	255 000
抗菌涤纶	26 000	65%新疆棉,35%抗菌涤纶	14.8	35 000
抗菌黏胶纤维	45 000	60%抗菌黏胶纤维,40%新疆棉	18.5	46 000
抗菌腈纶	57 000	70%竹纤维,30%抗菌腈纶	14.8	39 000

注:数据参考 2017 年中国纱线网信息。

三、生产技术现状

1. 质量标准与测试方法

抗菌纺织品最重要的性能指标是抗菌性。测试抗菌性时,要求培养基浓度、温湿度、pH值及试验时间与穿衣条件一致,试验仪器应为微生物试验常用仪器,且能测试任何形状的纺织材料。抗菌性的测试方法,发展较早的是日本和美国,最有代表性且应用较广的是美国的AATCC(American Association of Textile Chemists and Colorists,美国纺织染色家和化学家协会)试验法和日本的工业标准。国内使用较多的评价方法一般都是参照AATCC标准和日本JAFET(日本纤维制品新功能协议会)批准的"SEK"标志认证标准的方法。此外,各国先后制定了相关的质量标准,日本工业标准调查会(JISC)于2002年颁布了JIS L1902-2002《纺织制品抗菌活性和效率的测试》,德国标准化学会(DIN)于2005年颁布了DIN EN ISO 20645-2005《纺织织物 抗菌活性的测定 琼脂扩散木片试验》,国际标准化组织(IX-ISO)于2007年颁布了ISO 20743-2007《纺织材料 抗菌整理产品抗菌活性的测定》标准,英国标准学会(BSI)于2007年颁布了BS EN ISO 20743-2007《纺织材料 抗菌成品抗菌活性的测定》,法国(FR-AFNOR)于2007年颁布了NF G39-020-2007《纺织材料 抗菌成品抗菌活性的测定》。

我国分别于2007年、2008年颁布了GB/T 20944.2—2007《纺织品 抗菌性能的评价 第2部分:吸收法》和GB/T 20944.3—2008《纺织品 抗菌性能的评价 第3部分:振荡法》,用于羽绒、纤维、纱线、织物及特殊形状的制品等各类纺织产品的抗菌性能评价。但是抗菌性能评价的方法和标准还远未做到系统、统一、规范,尤其是抗菌纺织品的性能评价和产品规范,在我国还有许多问题不明确,只能做到简单的定性检测。

2. 关键工艺技术

(1) 混纺比的选择。混纺比的选择不仅涉及纱线直接生产成本、纱线的最终舒适性,也关系到纱线抗菌功能的优劣,根据国家标准GB/T 20944.3—2008的要求,纺织品抑菌率达到70%以上才可以被认定为具有抗菌功能。然而,考虑到生产成本、穿着舒适性、面料外观品相等诸多因素,一般采用的抗菌纤维混纺比较小。

在目前市场上销售的抗菌纤维中,镀银抗菌纤维的抗菌性能最佳,有文献资料显示,镀银纤维在60 min内可杀灭99%以上的细菌,其在纱线或织物中的混纺比达到5%～10%即可实现较好的抑菌功能。其次是甲壳素纤维,其在混纺纱中的混纺比达到10%～15%即可实现一定的抑菌功能。竹纤维、抗菌涤纶等其他抗菌纤维,其混纺比达到30%以上才能获得较理想的抑菌率。

(2) 工艺过程的控制。部分抗菌纤维的可纺性并不理想,如甲壳素纤维的摩擦因数小,纤维间抱合力较低,且纤维强力低而易断裂;苎麻纤维粗硬,无卷曲,成网性差;竹纤维的吸放湿速率较快,生产过程中容易绕皮辊、绕罗拉;抗菌涤纶易起静电;等等。需要在纺前对纤维进行预处理,纺纱过程中应重点关注梳理工艺,调配合适的后纺工艺,控制恰当的车间温湿度,以保证纱线品质。

四、结论与建议

1. 主要结论

（1）普通抗菌功能纱线市场已趋于饱和,利润空间较小,特种功能抗菌纱线、组合功能抗菌纱线仍有较大的发展空间。

（2）抗菌功能纱线占据特定领域的纱线市场,且具有较大的发展潜力,产业链结构完整,下游企业众多。

（3）抗菌功能短纤纱多为双组分或多组分混纺纱,主要混纺原料有棉、黏胶纤维、竹纤维等,抗菌纤维含量大于 30％时抗菌效果显著,常见抗菌功能纱线中的抗菌纤维含量在 30％～70％。

2. 产品开发建议

（1）企业应朝品种多元化方向发展,注重自然、健康、绿色环保等理念,开发功能性多元混纺纱线品种。

（2）抗菌功能纱线应朝功能多元化、品质高端化方向发展,结合纱线最终用途的需求,科学地设计和生产纱线。

课 外 拓 展

试根据高档婴幼儿内衣面料用纱线调研结果,撰写一份市场调研报告。

任务三　功能性纤维纱线设计

任 务 导 入

结合前期市场调研情况,设计一款高档抗菌功能纱线,要求纱线用途明确,产品功能设计、风格设计、品种规格设计及原料选用紧扣主题,设计科学,工艺可行,公司具备充足的软硬件资源条件,产品具有良好的市场发展前景。

知 识 准 备

一、设计意图的确认

在市场调研前,对将要设计的市场流行纱线的大致品种做了初步确定,经过市场调研,在熟悉相关产品市场环境的情况下,对初期设计进行适当的调整,进一步确认纱线设计的具体意图。完整的纱线设计应包括产品的最终用途、功能特性、产品风格、品种规格、原料选用、核心工艺等内容。

对于功能性纤维纱线来说,其目标市场应定位于特殊职业领域或中高端纺织品市场,一般多为双组分或多组分混纺纱线,原料及混纺比例选取严苛,结合不同纤维的优点,打造更加符合设计用途的高品质纱线产品。

(一) 用途设计

产品的最终用途应明确具体的应用领域,如夏季用牛仔布用纱、婴幼儿秋冬内衣针织面料用纱、春夏防静电职业装面料用纱等。

(二) 功能设计

功能特性是指产品应具有的特别功能。要注意,并不是随意添加少量功能性纤维原料,就可称之为功能性纱线,其最终制品必须满足一定功能性指标要求。一款功能性纱线可以同时兼具一项、两项甚至多项功能,依据具体的设计而定,一般多为一二项,不超过三项,否则会大大增加工艺设计和生产管理的难度。

(三) 产品风格设计

相同用途和功能要求的纱线,其产品风格往往大相径庭。在进行产品设计时,设计人员根据市场需求、企业生产情况、设备情况、主观喜好等多种因素,综合考虑决定产品的风格。产品的风格特征强调手感、光泽、色泽等信息,如轻薄柔滑丝光、粗犷羊毛质感、棉感中厚柔软等。

(四) 品种规格

品种规格是指纱线的具体品类和线密度,其中纱线品类是指采用何种纺纱技术,如紧密纺纱、包芯纱、竹节纱、OE纱、涡流纱等,部分品种还需强调针织用纱或机织用纱。棉纺系统中,线密度规格一般用特克斯(tex)或英制支数(S)表示;当纱线中包含有长丝时,长丝部分一般用特克斯(tex)、分特克斯(dtex)或旦尼尔(D)表示。根据设计需要,还需增加其他主要工艺,如强捻纱、弱捻纱等。

(五) 原料选用

原料选用应包括原料的具体种类、长度、细度等规格要求、品质要求、色泽色彩要求等,要求较高的企业甚至对原料的供应商有特定要求。此外,还应包括各原料的成分配比。对于已经获得订购合同的产品,还应核算各原料用量,以便原料仓储部门适时调配到位。对于尚处于开发阶段的试验产品,根据需要领取适量原料。

多组分混纺纱线原料选用应重点关注各原料间的性能差异,原料性能差异越大,纺纱工艺难度越大。在考虑搭配原料的纺纱性能时,应重点关注纤维间长度、细度、强力、伸长、抱合力、吸湿等性能差异。

(六) 核心工艺

核心工艺是指本产品区别于普通纱线品种的特殊工艺,如多组分混纺纱线的混纺比如何实现,再如间色效果的色纺纱采用何种混色工艺,等等。并不是所有纱线产品设计都需要交代产品的核心工艺,根据具体的纱线品种,就实际情况而定。

二、纱线开发的可行性分析

纱线的设计要得以成功,决不能是空中楼阁,必须建立在切实可行的基础之上。新型纱线产品开发的可行性建立在对企业设备资源、技术资源、管理资源等分析的基础上,是结合企业内部资源总体情况的客观判定。当然,同时要满足一定的投资回报率要求,新产品开发才有意义。

(一) 设备资源分析

分析设计纱线产品对生产设备的需求,重点关注设备套台数和技术改造需求。

1. 设备套台数

首先要考虑所需设备在企业内部是否已有,设备状态是否正常;其次,由于多组分混纺纱线在前纺阶段通常是分开的,不同原料要有不同的套台数供生产所需,色纺纱产品则需要分色管理的套台数。

2. 技术改造需求

某些特殊品种纱线,需要对传统环锭纺纱进行技术改造,如紧密纺、段彩纺、竹节纺等。如果为了单个品种要求企业进行技术改造,显然成本代价太高。一般需首先考虑企业内是否已有相应的改造技术,如果没有,是否可以修改为其他技术。

(二) 技术资源分析

结合以往开发经验,对于设计纱线的生产技术难度,研发人员应该给出合理的判定,以便在后期产品报价过程中给出合乎市场情况的价格。新型纱线生产企业对产品开发人员、工艺设计人员、设备维护人员的要求较高,因为新型纱线通常具有小批量多品种的生产特点,车间内经常更换品种,这对技术人员来说是巨大的挑战。企业是否有具备足够实力的技术团队,能够及时高效地完成并修缮新产品的生产工艺,是需要重点关注的问题。

(三) 管理资源分析

经常性地翻改品种,对企业运转管理部门的压力也很大,不同品种的分色、分片管理需耗费大量的人力和物力,挡车工的劳动强度明显加大,设备运转维护部门要相应缩短维护保养周期,随时关注和检查设备运转的稳定性。加之近年来纺纱企业的用工荒,人员管理难度进一步加大。企业是否具有足够理想的生产管理制度和足够高的整体员工素质,是新型纱线能否从理想设计到现实化生产的关键。

(四) 投资回报预估

新型纱线产品开发是一把双刃剑,既有挑战风险又有高附加值的诱惑。企业从事新产品开发的初衷是获得更高的投资回报率,脱离传统依赖成本竞价的低端恶性竞争市场。在进行投资回报预估时,应对纱线的开发和生产成本进行核算,结合市场同类产品给出合理的销售指导价格,让企业管理者直观地看到投资回报率,并以此判定是否值得投资。需要注意的是,新产品在产品开发阶段需要花费较多的研发资金,这也是产品开发成本的重要组成部分。

 (任)(务)(实)(施)

根据前期市场调研结果,拟开发一款 9.8 tex 竹纤维/珍珠纤维/棉/甲壳素纤维混纺紧密针织纱,混纺比初步设定为 40/30/20/10,纱线具有功能多元化、品质高端化的的特点,具

体设计如下：

一、纱线设计

1. 用途设计

设计用于春夏季高档女士内衣或贴身针织面料。

2. 功能设计

具有抗菌功能的同时,还具有养肤保健功能,同时满足柔软亲肤、吸湿透气的内衣面料性能要求,面料染色性能好,色彩鲜艳且色谱全,符合该消费层次女性对于内衣面料的穿着舒适性及审美要求。

3. 产品风格设计

产品具备表面光洁、毛羽少、强力高、条干好的特性,其面料制品轻薄柔软、顺滑有光泽。

4. 品种规格

9.8 tex 高支纱,符合春夏季贴身面料轻薄柔软的特性要求。结合紧密纺技术,提高纱线表面光洁度和强伸性能。

5. 原料选用

为了保证抗菌功能及养肤保健功能显著,初步选用 40％竹纤维、30％珍珠纤维、10％甲壳素纤维,配以 20％新疆长绒棉。选用的竹纤维是一种将竹片做成浆,然后将浆做成浆粕,再经湿法纺丝制成的纤维,其生产过程及纤维性能与黏胶纤维较为相似,不同的是竹纤维富含竹醌,具有天然的抑菌、防螨、防臭、防虫功能,竹纤维的吸放湿性及透气性居五大纤维之首,透气性比棉强 3.5 倍,且价格成本不高。选用的珍珠纤维是采用高科技手段将纳米级珍珠粉加入黏胶纤维纺丝液纺制而成的,其既具有珍珠养颜护肤、嫩白皮肤的功效,又具有黏胶纤维吸湿透气、服用舒适的特性。竹纤维和珍珠纤维都具有优良的染色性能,色彩绚丽,色谱较全,且纤维具有丝绸般的质地和滑爽感,非常适用于女士高档内衣产品。甲壳素纤维具有优异的抗菌功能,其在成纱中的混纺比达到 10％左右就可以获得较为理想的抗菌功能。新疆长绒棉的加入,提高了纱线的可纺性,保证了面料满足柔软亲肤、吸湿透气、经久耐用的要求。

为了提高纱线的可纺性,保证产品质量,四种纤维选用相近的物理指标,其中竹纤维、珍珠纤维和甲壳素纤维采用 1.67 dtex×38 mm,棉纤维选用平均细度 1.69 dtex、主体长度 33 mm 二级棉。

6. 核心工艺

细支纱工艺控制与管理,结合紧密纺技术。因甲壳素纤维较硬,纤维抱合力较差,在清梳工序中难以成网,在前纺中先将甲壳素纤维与可纺性较好的棉纤维混合。因甲壳素纤维含杂较少且成本较高,与之混合的棉纤维先经过精梳,以减少不必要的落棉。

二、可行性分析

1. 设备资源分析

（1）设备套台数。因珍珠纤维与竹纤维具有相似的纺纱性能,两者可以在前纺混合。

棉纤维(精梳条)和甲壳素纤维也可在前纺混合。之后,竹纤维/珍珠纤维条与棉/甲壳素纤维条在并条处混合,符合一般混纺纱工艺流程,不增加设备机台数。

（2）技术改造需求。细纱工序采用现有紧密纺机台,无需其他专门的技术改造。

2. 技术资源分析

公司现拥有纺纱规模10万锭,先后引进德国特吕茨勒、绪森、瑞士立达、乌斯特及日本村田等一批世界先进设备,拥有紧密纺、赛络纺、包芯纺等多种纺纱技术及生产车间,生产技术水平处于行业前列。近年来,企业重点以天丝、莫代尔、黏胶、棉等纤维为原料生产5.9~59.1 tex双组分或多组分混纺纱及纯棉高档细支纱。对于该品种纱线生产具有优厚的技术资源条件。

3. 管理资源分析

公司管理思路基于全员参与、持续改善、自主管理的精细化管理模式,主要分成两部分:一部分是从上而下的方针目标管理,主要是针对高层和中层的改善;另一部分是从下向上全员参与的持续改善。将精益生产和TPM管理有机结合,打造具有企业特色的精细化管理之路。良好实现员工素质的改善、设备"体质"的改善和企业效益的改善。车间采用"6S"管理,在厂房中进行整理、整顿、清扫,创造清洁、素养、安全的工作环境,使员工找到更加准确、快捷、轻松的工作方法。完全能够胜任该品种纱线的生产管理工作。

4. 投资回报预估

本款纱线面向中高端客户,目前在市场上较为罕见,生产过程中把好品质关,在纱线支数、多组分混纺及紧密纺等三方面技术与管理因素影响下,具有一定的利润空间。据现有纱线销售市场行情,与精梳14.8 tex涤/棉混纺纱相比,扣除原料成本,本款产品报价可上浮35%~45%。

（1）试设计一款高档婴幼儿内衣面料用纱线。
（2）试设计一款春夏男士牛仔服面料用纱线。

任务四　样品检测与评审

将设计生产的9.8 tex竹纤维/珍珠纤维/棉/甲壳素纤维混纺紧密针织纱进行样品检测,选择合适的质量标准,测定抗菌功能级别及其他纱线性能指标,综合评定样品纱线性能。

知 识 准 备

一、新型纱线产品样品检测

区别于常见的纱线品种,新型纱线产品往往具有某些特殊的应用功能或特殊的外观结构,新型纱线产品的高附加值主要体现于此。因此,在测试其纱线基本应用性能的同时,评判和衡量其特殊性显得同等重要。然而,新型纱线品种繁多、层出不穷,而且相比于传统纱线品种,其产品生命周期不稳定,很多新型纱线品种刚刚问世,很快又会被性能更佳、服用性能更好的产品取代,不管是行业部委还是科研院所,都无暇为如此众多的新型纱线产品逐一制定质量标准。新型纱线产品的质量标准通常由客户指定。有条件的企业会制定企业内部标准,在规范企业产品质量的同时,也便于客户进行质量考核和对比。

新型纱线样品基本应用性能,如强度、强度变异系数、百米质量偏差、百米质量变异系数、条干均匀度、棉结杂质粒数等,属于常规测试项目,其检测方法和检测内容,这里不再详述。根据纱线品种不同或客户要求不同,新型纱线样品性能检测一般还包括混纺比测试、某些特定功能测试、纱线结构参数测试、布面效果测试及其他特定指标测试。

(一)混纺比测试

纱线混纺比直接反映纱线的生产成本,特别是对于采用某些高端纤维原料的纱线制品,混纺比是纱线成本核算的重要依据,也是产品附加值的直接体现。原料的成分配比标识甚至被作为国家强制标准体现在终端纺织品的流通中。

纱线混纺比的测试有多种方法,常用的有化学分析法、显微镜观察法、图像处理法等。对于化学成分不同的混纺纱,一般采用化学分析法,常用的有化学溶解法和染色法两种。化学溶解法适用于混纺纱中只有某一种原料被某溶剂溶解的情况,将一定长度的纱段溶解前后的质量称重,便可计算出混纺比。染色法适用于混纺原料在相同条件下对某一染料上染效果不同的情况,通过人工识别或结合高科技图像扫描处理技术,分解出纱线同一截面内不同颜色的纤维根数,再根据纤维直径计算各组分的含量。

显微镜观察法是根据不同纤维拥有不同微观结构的原理测试的,通常适用于有特殊横截面结构的纤维混纺制品,如天然纤维或异形截面纤维等,通过分析纱线横截面内不同纤维的根数及直径,计算各组分的含量。

图像处理技术将显微镜观察法的主观判定变为客观判定,根据图像扫描获取的纤维截面特征参数,迅速计算纤维混纺比例,甚至可以进行纤维排列分布规律等更深层次的研究,大大提高了测试效率和测试精度。

(二)功能性测试

功能性纱线在新型纱线产品中占有较大份额,随着人们物质生活水平的提高,对纺织产品的功能需求越来越多。防紫外线、阻燃、抗静电、抗菌、自发热、控温、发光、除臭、美容护肤、芳香、止血、保温等功能,如今在纺纱生产中都可以实现。

大部门功能性纱线的功能等级在行业内都有界定。如界定防紫外线纱线,其紫外线防

护系数需大于 30,长波紫外线 UVA 透过率要小于 5%。如抗菌产品必须有抑制真菌生长、活动、繁殖的功能,按照抑制金黄色葡萄球菌、大肠杆菌、白色念球菌等功能,又分为 A 级、AA 级和 AAA 级。

(三) 结构参数测试

对于某些具有特殊结构特征的纱线,如竹节纱、段彩纱、点子纱等,还须对纱线结构参数进行测试。如竹节纱需测试竹节长度、竹节粗度、竹节分布规律等,如段彩纱需测试段彩长度、段彩部分粗度、段彩分布规律等。

(四) 布面效果测试

对于具有特殊花色效果或结构特征的纱线,常常需要织制样布,供客户对比审阅。如果客户提供了样品织物,应该严格按照客户来样的面料工艺进行样品织制,以保证布面效果的一致性。

(五) 其他特定指标的测试

根据客户的特定要求,提供其他项目的检测服务,如耐磨性能、毛羽指数、农药残留、可分解芳香胺染料、偶氮染料等。

二、新型纱线产品订单评审

经过打样报价环节,工厂和客户谈妥订单品种、数量、价格、交期、付款方式等内容后,双方办理正式合同文本。销售或计划部门下达给分厂(或车间)生产通知单,生产部门进行订单评审并下达调度通知单。常规纱线品种一般不需要订单评审。

企业日常的订单评审,是指品种较特殊、原料预处理复杂、质量要求较高、工艺路线须斟酌、纺制难度大或客户有特别要求的品种。

(一) 批量少的特殊品种,要进行制成率评审

新型纱线产品的主要缺点是多品种、小批量,几十千克、几百千克的单子,屡见不鲜。一个三万锭的工厂,每天十几个品种投料翻改和换比揭底是常事,生产管理人员往往疲于奔命。此时,如果再有订单短数,需要补单,那就是忙中添乱,越忙越乱。

所谓订单短数,是指实际生产数量少于订单计划数量。一旦超过客户允许限度,就须重新投料补单。这种现象在实际生产中占一两成的比例。重新补料不仅打乱了车间生产计划,而且因为数量极少,纺制难度大,生产效率低,用工用电多,质量难控制,还会影响客户交期。

与订单短数相反的另一种情况是订单溢数,即实际生产数远大于订单计划数。若超过客户允许限度,溢出的数量就变成工厂的零星库存,只能当废脚纱处理。这种情况大多是因为生产调度害怕订单短数、害怕补单、害怕影响客户交期等因素,不得已适当多投料造成的。

因此,订单的制成率评审是一项非常重要的工作。为了避免订单短数和溢数,生产中应重点关注以下几方面工作:

(1) 须查阅企业产品库,了解曾经纺制此类品种或相关品种的生产技术资料,做到心中有数。

（2）要事先检测所纺品种中各类原料的性能，如回潮率、短绒率等，做到有的放矢。

（3）要根据不同品种下达配棉制成率通知，设计清梳落杂工艺。

（4）回花要及时搭用，量大的品种可分2～3次投料，有利于将前批的回条、吸风花尽量多用。

（5）设定好AB纱、段彩纱的码长，减少A、B两根粗纱不是同步了机的损失。设计好点子纱两种比例生条的数量，减少A、B两根生条不能同步了机的损失。

（二）质量要求高的特殊品种，要进行品质评审

品质评审涉及的内容较繁杂，须根据实际情况做出评审，在生产调度单上给出指导意见，如：

（1）工艺路线的确定：考虑是否要先小混、是否要先开松、是否三道并条等。

（2）预处理工艺：助剂配方及比例，焖置时间等。

（3）普精条搭用：染色普条、精条在配棉中的比例等。

（4）异色纤防范：考虑是否要过车肚、隔断等级大小等。

（5）其他：如上蜡、蒸纱、倍捻试斜偏，50个头上圆机看织布结果。

总之，订单评审是投产前对订单的事先评估和方案路线的设计，是对特别的细节做出的提醒和预警。

一、抗菌功能测试

根据GB/T 20944.3—2008《纺织品 抗菌性能的评价 第3部分：振荡法》，测试该款9.8 tex竹纤维/珍珠纤维/棉/甲壳素纤维（40/30/20/10）混纺紧密针织纱的抗菌性能。将纱线剪成5 mm样片，选取大肠杆菌（AATCC 25922）和金黄色葡萄球菌（AATCC 25923）为抗菌测试的菌种，采用微生物抗菌测试仪进行测试。抑菌率根据下式计算：

$$抑菌率 = [(A - B)/A] \times 100\%$$

式中：A——对照样平均菌落数；

　　B——试样平均菌落数。

经测试，样品纱线对大肠杆菌的抑菌率为74.6%，对金黄色葡萄球菌的抑菌率为86.1%，符合该标准抑菌率大于70%的质量要求，表明该纱线具有抗菌功能。

二、纱线质量指标测试

参考FZ/T 71005—2006《针织用棉本色纱》，测试纱线主要质量指标，并将结果与精梳针织用棉本色纱进行对比，确认该品种纱线用于高档女士内衣面料的可行性。其测试结果见表3-2。

表 3-2　样品纱线质量指标

项目	特克斯	等别	单纱断裂强力变异系数(%)不大于	百米质量变异系数(%)不大于	条干均匀度		棉结粒数粒(g)不多于	棉结杂质总粒数粒(g)不多于	纱疵(个/10万米)不多于	单纱断裂强度(cN/tex)不小于	百米质量偏差(%)
					黑板条干均匀度10块板比例(优：一：二：三)不低于	条干均匀度变异系数(%)不大于					
标准要求(精梳)	8~10	优一二	11.0 15.5 20.0	2.5 3.7 5.0	7：3：0：0 0：7：3：0 0：0：7：3	15.5 18.5 21.5	25 55 85	30 65 95	20 50 80	12.0	±2.5
样品值	9.8		10.1	1.8	—	13.8	10	15	—	13.7	+1.2

由上表可见,样品纱线符合针织面料纱线优等品质量要求,可以用于设计用途领域。

（1）查阅相关资料,明确阻燃纱线阻燃功能的测试方法及技术指标要求。

（2）查阅相关资料,明确导电纱线导电功能的测试方法及技术指标要求。

（3）讨论制成率在新型纱线项目评审中的重要意义,并举例说明。

任务五　工艺开发与优化

结合样品纱线检测结果,针对纱线抗菌性能的提升设计工艺优化方案,并组织实施,对比工艺优化结果,选取设计纱线最佳生产工艺。

一、新产品工艺开发

新型纱线的开发,特别是新型纤维原料及纺纱新技术的采用,会对纺纱工艺的制定带来困扰。一款高品质的新型纱线,不仅表现在纺纱工艺和纱线成品品质的无可挑剔上,更要在终端用途中表现出良好的耐久性。这需要企业在产品工艺开发过程中充分考虑各个环节,做好系统设计,抓好过程控制。在进行产品工艺开发的过程中,要充分结合新型纤维原料的纺纱特性、纺纱新技术的纺纱性能及纱线产品的设计意图等因素,准确制定合理的纺纱工艺,加快产品开发周期。

新产品工艺开发通常不能一蹴而就,即使是有经验的开发人员,也很难将工艺制定一步到位。新产品工艺开发是逐步修正和完善的过程,在生产中,工艺开发人员需要结合多方面因素,对工艺做出及时、恰当的调整,逐步优化,形成稳定的工艺。

(一) 新型纤维原料的纺纱特性

新型纤维原料品类众多、日新月异,其纺纱性能也各不相同。通常,首先要测试分析所用新型纤维的细度、长度、吸湿、强力、卷曲、弹性、比电阻等性能,甚至要了解纤维生产加工方法、微观形态结构、物理化学性能等,对所纺新型纤维原料做全面深入的了解,以便在工艺开发过程中得心应手。

纤维的性能对纺纱工艺的影响较大,对纤维性能的全面了解至关重要。如纤维的吸湿性能,过去认为回潮率高的纤维(如棉纤维)在生产中不容易产生静电,现在发现很多回潮率高的纤维(如竹浆纤维、麻赛尔纤维、芦荟纤维等)在生产中容易产生破网、飞花、条干恶化、绕皮辊、出硬头等现象,这实际上是由于纤维在纺纱流程中不断接触温热的机器表面,导致放湿速率过快造成的。为了避免这种情况的发生,通常以适当油剂对纤维进行预处理,控制纤维的放湿速率达到理想状态。如某些含特殊功能性纤维(如芳香纤维、夜光纤维等)的混纺纱,其纤维通常也具有特殊的物理化学性能,在生产中应注意避免其功能性受到损伤,同时合理设计纱线横截面内的纤维分布,保证纱线的功能性得到充分体现。特别是多组分纱线,涉及不同纺纱性能的纤维合并成纱,具有较大的难度。如棉/羊绒/绢丝混纺纱,各组分纤维的纺纱性能差异较大,为确保纱线品质,保证混纺比的精确性,其合理工艺的制定需要更多的考量。

(二) 纺纱新技术的纺纱性能

新的纺纱技术,如赛络纺、段彩纺、竹节纺纱等,对纤维原料及前道须条的要求各不相同。在工艺设计过程中,应充分了解所采用的新型纺纱技术或纺纱设备的生产原理及纺纱技术要求。如赛络纺纱线,由于细纱采用两根粗纱喂入,两根粗纱在前道加工过程中定量均偏轻控制,这要求前道纤维原料品质稳定、纺纱性能良好,同时应控制纺纱各流程中须条的条干均匀度达到理想状态,粗纱捻系数偏大掌握,以便在细纱工序顺利纺纱,避免单根断头现象。如段彩纺纱,在产品设计过程中不仅要考虑色彩的美感,而且要考虑工艺的可行性。段彩部分和主体纱部分分属两个色彩系统,其粗纱须单独定制,而细纱工序中段彩的长度、间距、粗度、分布规律及段彩部分的包裹情况等,都是工艺开发的重点。

(三) 纱线产品的设计意图

设计意图是新型纱线产品开发的根本,首先有明确的意图,才会有为达到理想意图而设计开发并逐步完善的作品。产品工艺是根据设计意图的需要进行开发的,所以在进行工艺开发的过程中,深入思考设计意图非常重要。如根据客户需求,开发一款相比于纯棉纱线更加经济耐用的牛仔布用纱,客户希望采用涤、棉混纺。这个案例中,设计意图是降低成本和提高耐用性。为了达到这一意图,提出两种工艺方案:一是传统的涤/棉混纺纱;二是以涤纶长丝为芯线外包纯棉短纤维的包芯纱。显然,两种工艺方案中,后者更容易获得客户青睐,不仅有效降低了原料成本和染色成本,提高了产品的耐用性,同时没有降低成品的穿着舒适性。

二、工艺优化

工艺优化,简单地说,就是对原有的工艺进行重组或改进,以达到提高产品品质、提高运行效率、降低生产成本的目的，即优于现行工艺的一种操作方法。工艺优化作为一种科学的试验方法，在新产品工艺开发过程中发挥着重要作用。工艺优化旨在降低生产成本，优化生产工艺，提高产品品质，彰显产品功能。

在纺纱生产中，工艺优化通常是重点针对某些亟待解决的质量指标，而在某一道或某几道工序开展的工艺重组或改进。如为了解决成品纱线棉结杂质粒数不合格的质量问题，针对开清棉和梳棉工序开展工艺优化，通过改变主要开松、分梳、落杂部件的工艺参数，形成几组不同生产工艺组合，组织生产并进行成品质量对比，进而选取其中的最佳工艺。

（一）工艺优化对象的确定

工艺优化对象是指通过工艺优化实施期望获得解决的问题，通常指某些亟待解决的质量指标。在纺纱生产中，工艺优化的对象可以是纱条的条干均匀度、棉结杂质粒数、强度、毛羽等。对于某些特殊品种纱线，如竹节纱，工艺优化的对象可以是竹节的间距、竹节粗度、竹节长度等。工艺优化的对象可以同时选取一个或几个，具体视实际生产情况和需求而定。

（二）影响因素及水平的确定

在实际纺纱生产中，影响某个质量指标的因素，通常比较多。例如，在细纱工序，影响某一品种纱线强力的因素有捻系数、锭速、纺纱方法（赛络纺粗纱喂入间距）、钢丝圈型号、后区牵伸倍数等，影响成纱毛羽的因素有车速、纺纱方法（赛络纺粗纱喂入间距、紧密纺气压）、前罗拉前冲量、钢丝圈型号、车间温湿度等。

生产中不可能对所有的影响因素进行工艺优化。通常根据生产经验，选取对工艺优化对象影响较大的因素进行优化，这些因素的参数选取范围也是基于一定的生产经验而设定的。例如选取成纱强力作为工艺优化对象，基于生产经验，认为捻系数和车速是影响纱线强力的最主要因素，因此对捻系数和车速这两个因素进行不同的水平设计与组合。

所谓水平，是指各因素所取的具体值，如捻系数设定三个水平，分别为340、360和380。水平不是随意拟定的，要根据生产经验范围或实际生产需求确定，各水平间的间距要适宜，因为过小则难以发现差异和规律，过大则容易失去最佳工艺点的范围。在缺乏任何实际生产经验的前提下，可先选取大间距水平，根据初次工艺优化的试验结果，缩小水平范围，重新进行工艺优化试验，进而得到最佳工艺点。

（三）试验方案的设计

1. 单因素或两因素试验

在试验研究中，对于单因素或两因素试验，试验设计较为简单。

表3-3 单因素三水平试验方案

试验次序	1	2	3
捻系数取值	320	350	380

例如生产19.7 tex纯棉纱线，选定强力作为工艺优化的质量指标，选定捻系数作为影响强力的唯一因素，制定试验方案时，其他纺纱工艺不变，只改变捻系数，设捻系数的三个水平为320、350、380。列举三个水平的试验方案见表3-3，单因素三水平试验共三组试验。

对于两因素试验，仍以生产19.7 tex纯棉纱线为例，选定强力作为工艺优化的质量指标,选定捻系数和钢丝圈型号作为影响强力的两个因素。列举三个水平的试验方案见表 3-4,两因素三水平试验共 9 组试验。

表 3-4 两因素三水平试验方案

试验次序	捻系数取值	钢丝圈型号
1	320	5/0
2		7/0
3		9/0
4	350	5/0
5		7/0
6		9/0
7	380	5/0
8		7/0
9		9/0

2. 多因素试验

在试验研究中,对于单因素或两因素试验,因其因素少,试验的设计、实施与分析都比较简单。但在实际工作中,常常需要同时考察三个或三个以上的试验因素,若进行全面试验,试验规模会很大,往往因试验条件的限制而难于实施。全面试验包含的水平组合数较多,工作量大,由于受试验场地、试验材料、经费等限制而难于实施。例如,有六个因素,每因素取五个水平,全面试验需要 $5^6 = 15\ 625$ 个组合。

3. 正交试验设计

在试验安排中,每个因素在研究范围内选几个水平,就好比在选优区内打上网格,如果网上的每个点都试验,就是全面试验。三个因素的选优区可以用一个立方体表示(图 3-1),三个因素各取三个水平,把立方体划分成 27 个格点,反映在图 3-1 上就是立方体内的 27 个"·"。若 27 个网格点都试验,就是全面试验,其试验方案见表 3-5。

表 3-5 三因素三水平全面试验方案

项目		C1	C2	C3
A1	B1	A1 B1 C1	A1 B1 C2	A1 B1 C3
	B2	A1 B2 C1	A1 B2 C2	A1 B2 C3
	B3	A1 B3 C1	A1 B3 C2	A1 B3 C3
A2	B1	A2 B1 C1	A2 B1 C2	A2 B1 C3
	B2	A2 B2 C1	A2 B2 C2	A2 B2 C3
	B3	A2 B3 C1	A2 B3 C2	A2 B3 C3

（续表）

项目		C1	C2	C3
A3	B1	A3 B1 C1	A3 B1 C2	A3 B1 C3
	B2	A3 B2 C1	A3 B2 C2	A3 B2 C3
	B3	A3 B3 C1	A3 B3 C2	A3 B3 C3

正交设计就是从选优区全面试验点（水平组合）中挑选出有代表性的部分试验点（水平组合）进行试验。图3-1中标有试验号的九个"（·）"，就是利用正交表 $L9(3^3)$ 从27个试验点中挑选出来的9个试验点。

这9个试验点的特点：数据点分布均匀；每个面上有3个点；每条线上有1个点。

常用的正交表已由数学工作者制定，供进行正交设计时选用。正交表记号所表示的含义归纳如下：

$$L_n(t^q)$$

式中：L 为正交表符号，是 Latin 的第一个字母；n 为试验次数，即正交表行数；t 为因素的水平数，即一列中出现不同数字的个数；q 为最多能安排的因素数，即正交表的列数。

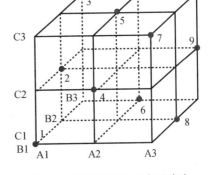

图 3-1　三因素三水平全面试验

三因素三水平正交试验方案见表3-6。三因素三水平试验，全面试验需27组，而按照表3-6中9组因素水平组合的试验，可以代表全面试验的试验结果。

表 3-6　三因素三水平正交试验方案 $L_9(3^3)$

试验次序	因素		
	A	B	C
1	1	1	1
2	1	2	2
3	1	3	3
4	2	1	2
5	2	2	3
6	2	3	1
7	3	1	3
8	3	2	1
9	3	3	2

以生产 19.7 tex 纯棉赛络纺纱线为例，选定强力作为工艺优化的质量指标，选定捻系数、粗纱喂入隔距、钢丝圈号数作为影响强力的三个因素，捻系数取 320、350、380 三个水

平,粗纱喂入隔距取 3 mm、5 mm、8 mm 三个水平,钢丝圈号数取 5/0、7/0、9/0 三个水平。列举三因素三水平的正交试验方案见表 3-7。

表 3-7　纱线强力三因素三水平的正交试验方案

试验次序	因素		
	捻系数	隔距(mm)	钢丝圈型号
1	320	3	5/0
2	320	5	7/0
3	320	8	9/0
4	350	3	7/0
5	350	5	9/0
6	350	8	5/0
7	380	3	9/0
8	380	5	5/0
9	380	8	7/0

4. 正交试验结果分析——直观分析

凡采用正交表设计的试验,都可用正交表分析试验的结果。以表 3-8 中的试验结果为例,进行分析。表 3-7 的试验结果见表 3-8。

表 3-8　纱线强力三因素三水平的正交试验结果

试验次序	因素			优化对象
	捻系数 A	隔距 B(mm)	钢丝圈型号 C	强力(cN)
1	320	3	5/0	320
2	320	5	7/0	325
3	320	8	9/0	323
4	350	3	7/0	355
5	350	5	9/0	350
6	350	8	5/0	354
7	380	3	9/0	335
8	380	5	5/0	330
9	380	8	7/0	337

分析方法:首先从 9 组试验中直观地找出最优处理组合为 4 号,即 A2B1C2,对应的强力为 355 cN;其次为 6 号即 A2B3C1,对应的强力为 354 cN。这种直接观测法仅适用于工艺优化对象为单个的情况。当工艺优化对象为两个或者多个时,需要借助更加科学的分析方法。

任 务 实 施

设计纱线为 9.8 tex 竹纤维/珍珠纤维/棉/甲壳素纤维混纺紧密针织纱（各组分混纺比为 40/30/20/10）。因为本款纱线的设计用途为高档女士针织内衣面料，除具备设计要求的风格特征外，抗菌功能是本款纱线工艺改进的关键内容。为了改善纱线的抗菌功能，同时尽量减少成本支出，且不影响纱线总体风格特征及质量指标，调整纤维混纺比，其他工艺与样品纱线保持不变，制定抗菌功能纱线单因素工艺优化方案（表 3-9）。

根据 GB/T 20944.3—2008《纺织品 抗菌性能的评价 第 3 部分：振荡法》，测试几组纱线的抗菌性能，见表 3-9，可见，当混纺比为 45/20/20/15 时，纱线抑菌性能最佳，其中大肠杆菌的抑菌率达 89.4%、金黄色葡萄球菌的抑菌率达 96.2%。

参考 FZ/T 71005—2006《针织用棉本色纱》，测试几组纱线的主要质量指标，其测试结果见表 3-10。

表 3-9　抗菌功能纱线工艺优化方案及结果对比

试验次序	混纺比（竹纤维/珍珠纤维/棉纤维/甲壳素纤维）	抑菌率（%）	
		大肠杆菌（AATCC 25922）	金黄色葡萄球菌（AATCC 25923）
K1	40/30/20/10	74.6	86.1
K2	38/30/20/12	80.3	89.5
K3	35/30/20/15	87.1	94.8
K4	50/20/20/10	79.2	89.3
K5	48/20/20/12	82.5	91.2
K6	45/20/20/15	89.4	96.2

表 3-10　样品纱线质量指标

项目	特克斯	等别	单纱断裂强力变异系数（%）不大于	百米质量变异系数（%）不大于	条干均匀度		棉结粒数粒(g)不多于	棉结杂质总粒数粒(g)不多于	纱疵（个/10 万米）不多于	单纱断裂强度（cN/tex）不小于	百米质量偏差（%）
					黑板条干均匀度 10 块板比例（优：一：二：三）不低于	条干均匀度变异系数（%）不大于					
标准要求（精梳）	8～10	优一二	11.0 15.5 20.0	2.5 3.7 5.0	7：3：0：0 0：7：3：0 0：0：7：3	15.5 18.5 21.5	25 55 85	30 65 95	20 50 80	12.0	±2.5
K1	9.8		10.1	1.8	—	13.8	10	15	—	13.7	+1.2
K2	9.8		10.3	2.0	—	14.5	16	20	—	13.9	+1.5
K3	9.8		10.3	2.1	—	14.9	22	28	—	13.9	−2.0

项目	特克斯	等别	单纱断裂强力变异系数（%）不大于	百米质量变异系数（%）不大于	条干均匀度		棉结粒数粒（g）不多于	棉结杂质总粒数粒（g）不多于	纱疵（个/10万米）不多于	单纱断裂强度（cN/tex）不小于	百米质量偏差（%）
					黑板条干均匀度10块板比例（优：一：二：三）不低于	条干均匀度变异系数（%）不大于					
K4	9.8		9.8	1.9	—	13.5	12	16	—	12.0	−1.4
K5	9.8		10.1	2.0	—	14.8	17	20	—	12.3	+1.7
K6	9.8		10.5	2.2	—	14.9	20	27	—	12.8	−0.9

由上表可见，甲壳素纤维的增加带来纱线抗菌性能优化的同时，也带来纱线整体性能的波动，主要表现为条干及棉结杂质情况的恶化，这是由于甲壳素纤维较硬、纤维间抱合力较小引起的；竹纤维的增加直接带来纱线强力的下降。综合考虑设计纱线在其最终用途中纱线强力及抗菌性能尤为重要，认为当竹纤维/珍珠纤维/棉纤维/甲壳素纤维混纺比为35/30/20/15时，纱线性能最优，此时纱线对大肠杆菌的抑菌率达87.1%，金黄色葡萄球菌的抑菌率达94.8%，纱线强度达13.9 cN/tex。

课 外 拓 展

（1）讨论在纺纱过程中影响纱线功能特性的主要因素有哪些？
（2）讨论在纺纱各流程中影响纱线强力的主要因素有哪些？

任务六 新产品市场推广

任 务 导 入

针对设计开发的9.8 tex竹纤维/珍珠纤维/棉/甲壳素纤维混纺紧密针织纱线，结合本公司实际情况，制定一份新产品市场推广方案。

知 识 准 备

随着宣传方式的不断更新，传统的渠道推广遇到了很大的瓶颈，在新的经济和环境背景下，人们的交易行为、消费行为和工作方式发生了巨大的变化。在纺织服装领域，特别是纱线生产与贸易领域，市场推广渠道有了新的变化。

一、市场推广的目的

（一）宣传提升产品的知名度

让更多的客户或者终端用户知道该品牌或者该产品的性能，在提升品牌效应的同时，培养更多的潜在客户。以此为目的的宣传推广活动，适用于在产品上市初期或者淡季的时候进行，让更多的人参与进来，产生更大的影响，为下一阶段的销售打下伏笔。参与互动的人越多，推广就越成功。

（二）促进销售，提升产品市场占有率

通过有效的方式或者新颖的促销方式，快速地抢占市场份额。以此为目的的推广活动，适用于在产品销售旺季或者针对竞争对手的某项活动而进行，针对性比较强。判定推广是否成功的主要指标就是销量，同环比越高，证明活动推广越成功。

二、目标客户群的界定

在开始市场推广活动前，首先要明确目标客户群的范围，进而制定有针对性的推广计划。确定推广针对的群体，也就明确了是为谁而做的活动、宣传，要引起哪些群体的参与互动。对于纱线产品而言，推广针对的群体对象主要有两类。

（一）针对下游生产商

对于纱线产品来说，下游生产商主要指需要以纱线为原料的生产型企业，如面料生产商、特种线（绳）生产商、纺织工艺品生产商、鞋帽生产商等。在产品销售淡季，可以针对客户做一些产品评测，也可免费或低回报地提供小部分新产品供部分客户试用，采集客户试用反馈意见，通过相关不间断的报道，提升在业内的关注度和知名度。此类推广活动适用于淡季，对销量的促动不大。

（二）针对渠道分销商

对于纺纱企业来说，渠道分销商主要指外（内）贸企业、行业平台网站、贸易网站等。在旺季的时候，为了更有效地提升销量，针对渠道分销商做一些销售活动；或者进行销量排名，在规定时间内对销量好的分销商给以一定的奖励。这是针对提升销量最有效、最直接的一种推广方式，同时可以针对终端客户配合一些优惠活动。

三、市场推广的方式

（一）线上推广方式

1. 网站推广

通过公司网站、平台网站（阿里巴巴、中国纱线网等）对企业产品及文化背景进行宣传，是目前纺织产品市场推广的一种重要方式。有条件的企业可以制作精良的公司网站，对企业文化、产品类别精心宣传，配备专业的网站维护和管理团队。除公司网站外，销售人员还可以通过中国纱线网、中国纺织网、阿里巴巴等平台网站发布企业产品信息。相比于其他的产品推广方式，线上营销往往较为直接有效，而且成本较低。

2. 微信推广

招聘或委托专业人员，创建并推广企业微信公众号，向现有客户和潜在客户群及社会推

广企业信息,定期给关注用户发送企业内部新闻、行业相关最新信息、企业产品信息和最新营销活动等,在现有客户及潜在客户群体中不断树立友善、诚信、高效、高端等目标形象,加深正面引导,促成良好合作关系。

3. 网络广告

在网络上做有关的广告宣传。目前,此种方法仅限于对产品的宣传和品牌的提升。纺纱企业处于行业生产链的上游,一般不直接接触终端消费者,其网络宣传广告一般设在行业内知名网络平台、行业信息网站、行业信息和技术交流网站等。

(二)线下推广方式

1. 企业内部展厅

在企业销售部门内或附近方便的区域专门建设现代化的企业内部展厅,将样品纱线制成色卡、样布或样衣等,定制专业的陈列设计,将产品以丰富、高端、时尚或绿色环保等面貌予以展示,制作品牌专用标识、旗帜、企业内部刊物,营造浓厚的企业文化和氛围。

有条件的企业可以建设专业水准的产品样品库,引入专业的网络管理系统进行科学规范的管理,客户可以在系统中随时调取以往产品的生产技术资料,可以方便地在样品库中寻得实际样品,以增强对企业生产技术能力的信赖感,提升客户的忠诚度。

2. 媒体广告

可以在行业报刊、杂志上刊登企业宣传信息,如《中国纺织报》《纺织学报》《丝绸》《棉纺织技术》《上海纺织科技》等;也可以在纺纱企业或靠近生产企业较为集中地区的交通要道口树立大幅广告牌;或者为企业内部商务及运输车辆上设计专业的车身广告等。

3. 终端店面建设

在纺织行业密集区,如苏州盛泽、南通叠石桥、浙江余姚等地建设终端店面,铺设陈列企业生产的产品品类,配备专业的销售人员。终端店面的宣传要注意自身的特色和专长,注意销售策略,重点把握住主体客户群,与周围同类店面形成良好的竞争关系。

4. 行业展会

行业展会一般由中国国际贸促会纺织行业分会、各地行业协会或大型企业牵头举办。大型的行业展会以季度、半年或一年为周期,定期举行。行业展会汇集同行业同类产品于一地,同时吸引大批客户光临。行业展会从某种意义上来说,是产品的见面会、订货会。因此,参会企业都非常重视参加展会的形式,很多大型企业甚至会租借大面积场地,搭建高档的产品展示和商务洽谈环境,并对产品的包装和展示进行精心的策划和安排,以期获得客户的青睐。在纺织行业领域,常见的大型展会有纺织面辅料博览会、中国国际纺织纱线展览会等。

5. 校园巡讲

通过企业人才招聘的机会,深入各大高校宣传推广企业,一方面提升应聘者的就业信心和对企业的忠诚度,同时扩大企业未来几年在行业内的知名度。

四、推广效果的把控

为了保证推广的效果,通过以上市场调查分析,在明确知道推广目的、推广目标群体及采用的推广方式以后,应该在活动创意、文案细节、销售政策、会展流程、合作分工、费用预算等方面下功夫,让有效的资源发挥更好更大的作用,用最少的钱办最大的事。通过对人力、财力、物力等各个环节的有效合理把控,达到推广的效果。

无论是什么样的产品宣传、活动策划,都是围绕销售进行的,最后也通过销量体现。因此,有必要做好产品推广工作。

根据设计纱线品种信息,结合本公司线上线下资源,制定一份简要的市场推广方案。

一、推广目标

(1) 提高公司品牌形象及产品知名度。
(2) 开发挖掘目标客户,提升产品的销售额。

二、产品分析

1. 产品简介

产品规格为 9.8 tex 竹纤维/珍珠纤维/棉/甲壳素纤维混纺紧密针织纱,设计用于春夏季高档女士内衣或贴身针织面料。纱线具有抗菌和养肤保健功能,终端产品具有穿着亲肤、吸湿透气、光滑柔软的特性,同时具有较好的染色性能,色彩鲜艳,光泽感强。纱线表面光洁,毛羽少,强力高,细度适中,非常适合织制高档内衣面料。

2. 质量认证

产品符合 GB/T 20944.3—2008《纺织品 抗菌性能的评价 第3部分:振荡法》的质量标准要求,对大肠杆菌和金黄色葡萄球菌的抑菌率均达到 70% 以上,具有较好的抗菌性能。

3. 产品的优势与劣势

优势:目前具备抗菌功能纱线生产技术的企业较多,但纱线的抗菌功能大多难以达到相应的抗菌质量标准,所含抗菌纤维成分较少,只能起到一定的抑菌作用,即便达到抗菌质量标准,也大多以牺牲穿着舒适性为代价。这款纱线的原料选用恰当,成本适中,严格达到抗菌质量标准,生产工艺稳定,同时具有优异的穿着体验和高档的质感,是生产女士内衣面料的良好素材。

劣势:本款产品纱线为多组分高支纱,其工艺及管理相对复杂,且选用珍珠纤维和甲壳素纤维等高档原料,生产成本较高,具有一定的投资风险。

三、市场行情

1. 市场前景

通过前期的市场调研,发现抗菌功能纱线属于功能性纱线的一个分支,是一个新兴的产业领域,因其特殊的功能特性,目前占据特有的市场领域。随着人们生活水平的提高和健康意识的增强,对于抗菌功能纺织品的需求势必构成巨大的潜在市场。

2. 竞争对手分析

本省及周边地区,具有抗菌功能纱线生产能力的企业较多,但在生产技术水平、生产规模、品牌形象等方面形成直接竞争的企业为数不多,有较强竞争力的对手包括 A 公司、B 公司及 C 公司。A 公司多年来具有绝对市场竞争力的产品为纯棉高支纱,在混纺纱领域,特别是多组分混纺纱领域涉足较少,但其品牌形象较好,一旦涉足此类产品,将产生较大竞争力。B 公司主要生产涤/棉、黏/棉系列混纺纱,产品主要为中特至中细特纱,具有较强的直接竞争关系。C 公司以生产各类小批量高品质色纺纱线而著名,技术力量雄厚,常年涉及多组分纤维混纺纱线,但目前尚未涉及抗菌类功能色纺纱的生产。

3. 客户分析

抗菌功能纱线主要针对服装、家用纺织品、医护用品及相关产业用纺织品领域,面向下游追求品质至上的特种面料或功能面料企业,要求供纱厂家具有特种纱线及功能纱线生产能力和技术能力,且品种选择空间大,对同类品种纱线有时会提出不同的工艺需求。客户分布面较广,且多为小批量订单,生产工艺难度较大,生产成本较高。

四、产品策略

1. 产品定位

产品定位女士高档内衣针织面料,面向追求品质至上的面料生产企业。

2. 价格策略

面向不同的客户,采用统一的价格核算模式,利于品牌形象的建设。

争取中间商,所有中间商价格统一。

根据订货量的增加,价格有一定的优惠空间。

五、产品推广

1. 销售策略

充分利用电子商务和网络销售,一方面通过各类纺织信息平台网站、纺织贸易平台网站、本公司网站、公司微信公众号等多渠道发布公司及产品信息、宣传品牌形象,另一方面主动出击,通过网络及线下渠道,获取尽可能多的目标客户信息,主动联系宣传。

2. 广告宣传

(1) 参加或赞助行业协会及相关组织举办的行业会议及各类活动,宣传公司产品,提高品牌知名度。

(2) 在行业期刊、媒体上发布广告,制作产品宣传彩页,凸显公司、产品优势。

3. 展示宣传

(1) 店面展示。在企业终端店面或产品展示厅中设计陈列空间,突出产品高端形象。

(2) 行业展会。在参加行业展会的过程中,专门陈列橱窗,以华丽的终端面料、精致的服装制品及样品性能检测报告等,突出产品高端化路线和公司品牌形象。

六、服务政策

(1) 提供全方位的技术支持。

(2) 提供样品。

（3）样品检测。

（4）产品相关专业知识和生产技术的咨询服务。

（5）售后出现质量问题给与及时地服务。

（6）售后的客户回访，了解客户使用产品情况，给予技术支持。

课外拓展

（1）公司参加行业展会，全国同类产品厂家云集，试思考如何在众多市场竞争者中脱颖而出。

（2）试为该产品起草一份广告宣传彩页，要求有凸显产品优势及特点的广告语。

项目四　创新创意纱线开发与设计

——新型纱线创新开发思路

项目基本要求

1. 学会用崭新的视野去探索及洞悉市场的潜在需求。
2. 尝试开发设计既有新颖性、创造性、实用性，又有实施可操作性的创新创意产品。
3. 把优秀的创新创意设计付诸实践，并在行动中逐步完善和提升产品性能。

项目任务

　　纺织工业已发展成高度成熟的产业，随着国内劳动力成本的不断上升、原材料价格的大幅波动，纺纱企业面临着巨大的压力。越来越多的企业认识到，必须改变观念，从以量取胜转到以优以特取胜的理念上来，依靠纱线产品创新增强核心竞争力。新型纺纱产品创新最终的目的是能够通过技术创新实现新型纺纱产品的多元化、差异化和功能化。作为企业产品开发人员，需要时刻关注纺纱新技术的发展，不断应用新技术，进行设备改造升级或工艺技术优化，时刻掌握市场动向，开发出符合市场需求的多元化、差异化、功能化的纱线新产品。

任务一　纱线创新要素

　　了解新型纱线市场，将常见的新型纱线产品进行分类归纳和总结，提出新型纱线产品的创新要素。

一、创新与 TRIZ 创新理论

　　创新，也叫创造。创造是个体根据一定的目的和任务，运用一切已知的条件，产生出新颖、有价值的成果（精神的、社会的、物质的）的认知和行为活动。创新，首先就是要有创新意识,因为有了创新意识才会有新的想法出现,而有了新的想法才会去注意周边环境的变化,才能抓住一切时机,利用自己的创新思维,创造更新、更有价值的东西。创新也是永无止境的。可以在他人创意的基础上,实现更高层次的突破,赢得更大的市场,创造更多的价值,这也是一种创新。

原苏联的阿尔特苏列尔博士认为,创新方法有理可循,他从 1946 年开始带领一批研究人员和学生从世界各国的 250 万件专利中寻找解决发明问题的方法,最终创立了 TRIZ"发明问题解决理论"。TRIZ 的出现,给创新这一现代社会中最活跃的元素带来了革命。TRIZ 提供的不仅仅是一种纯粹的创新理论,它还是一种思维模式,能够帮助人们形成一种系统的、流程化的创新设计思考模式,有助于人们在几乎所有事情中找到创新的方法。阿尔特苏列尔从具有发明性的专利中提炼出解决冲突或矛盾的 40 条发明原理(表 4-1),利用这些发明原理寻找解决问题的可能方案。

表 4-1　40 条发明原理

1. 分割	2. 局部质量	3. 抽取	4. 非对称
5. 结合	6. 通用性	7. 成套	8. 平衡
9. 优先考虑反作用	10. 优先的行动	11. 预先铺垫	12. 均势
13. 倒置	14. 球形化	15. 动态性	16. 采取部分的或过分的行动
17. 改变移动方向	18. 机械震动	19. 采取周期的行动	20. 有效行动的持续性
21. 采取迅速的行动	22. 变害为益	23. 反馈	24. 中介
25. 自我服务	26. 拷贝	27. 用低廉的短寿命的代替昂贵的、耐用的	28. 机械系统的替代
29. 采用空气的或水利的结构	30. 采用柔性的薄膜	31. 采用多孔材料	32. 改变颜色
33. 同类性	34. 抛弃和回收部件	35. 物体的物理和化学状态转变	36. 相位变换
37. 热涨	38. 使用强氧化剂	39. 不敏感的环境	40. 复合材料

至今,TRIZ 理论在很多领域仍然适用或有着很强的借鉴和参考意义,很多新型纱线产品的开发都体现了这 40 条发明原理的一个或几个方案。如采用多孔结构的竹炭纤维生产的抗菌除臭纱线(采用多孔材料)、温度感应或遇水感应发生色变的纱线(改变颜色、相位变换)、采用气流加捻的转杯纺和涡流纺(采用空气的或水利的结构)、收紧牵伸区的须条从扁平变成近似圆柱体的紧密纺纱(球形化)、在牵伸区同时喂入两根粗纱的赛络纺纱(拷贝)、粗节纱疵的质量控管演变为竹节纱的产品开发(变害为益)等等。

和 TRIZ 理论相似,当人们对市场上现有的新型纱线产品进行分类归纳和总结时,发现新型纱线产品的创新要素大致可以分为纺纱新原料、生产新设备、工艺新技术和生产新管理等几个类别。

二、新型纱线的创新要素

(一) 纺纱原料

新型纱线创新的第一要素是采用创新开发的新型纤维材料。在棉、麻、丝、毛、涤纶等传统纤维得到进一步发展的同时,目前的纤维市场上涌现出了许多新型纤维,如天丝、牛奶蛋白纤维、珍珠改性纤维、竹浆纤维、甲壳素纤维、聚乳酸纤维、PTT 纤维、芳纶等(图 4-1),为新品开发提供了丰富的原料基础。另外,各种功能纤维也是层出不穷,应用新型功能性纺织纤维,可赋予新型纱线保健、低碳环保等优势,如防辐射纤维、抑菌防臭纤维、吸湿排汗纤维、防紫外线纤维等。

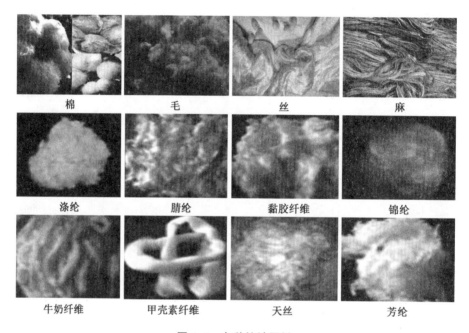

棉	毛	丝	麻
涤纶	腈纶	黏胶纤维	锦纶
牛奶纤维	甲壳素纤维	天丝	芳纶

图 4-1 各种纺纱原料

(二) 生产设备

新型纱线创新的第二要素是依靠先进成熟的纺纱生产设备。目前,我国仍有大量的纺纱企业设备陈旧,产品品种单一,产品档次不高。因此,要开发新型纱线,一方面可对传统的环锭纺进行技术改造,如在传统的棉纺设备上进行紧密纺、赛络纺、竹节纱及包芯纱等技术改造(图 4-2),可有效提升纺纱技术与设备水平;另一方面,可以使用国外的先进纺纱生产设备,如德国的全自动纺纱生产线,瑞士立达精梳机、并条机,意大利萨维奥自动络筒机等世界一流的纺纱设备。

(三) 工艺技术

新型纱线创新的第三要素是对工艺技术进行创新,通过调整开清棉、梳理、精梳、并条、粗纱、细纱等工艺技术,提高纱线品质,满足市场需求。可以通过改变工艺技术参数来达到纱线品质创新的目的,也可以改变以往的纺纱工艺技术。如新型色纺纱在混色技术上可采用多种混棉方法,有人工小量混棉、开清棉准用混棉机、精梳、并条混条及赛络纺、并捻等,从而开发出丰富多样的新型色纺纱线。

四罗拉紧密纺装置改造

风机改造

吸风管道的连接

包芯纺纱改造

包芯纺改造

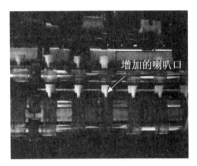

段彩纱改造（加装喇叭口）

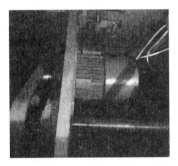

变频电机传动主轴

主轴传动锭盘带动锭子转动

主轴不与车头任何机构相连

锭速检测光电感应器

各罗拉单独伺服电机控制

前罗拉速度检测器

图 4-2 新型纺纱在传统细纱设备上的改造

（四）生产管理

新型纱线创新的第四要素是必须有精细化的生产现场管理,主要包括原料、设备、工艺、操作、空调等五大基础管理,加强纺纱设备和纺纱工艺管理,提高纱线质量。检修工要加强巡回检修、加油检查,及时处理停台工作,做到当班无空锭、生产无坏车,确保设备处于完好状态。揩车工要及时清除下胶圈囤积花,保证皮圈正常灵活回转,维修计划编排要注意间隔均匀,避免邻台干扰,防止纱疵。挡车操作中要重视质量,做到好中求多,好中求快,防止人为疵点,清除粗纱与机械疵点,严格把好质量关。纺纱车间应确定比较适宜的温湿度范围,加强调节工作,努力控制好日夜之间、班班之间、区域之间的温湿度差异。同时根据近期生产计划,协调和分配车间劳动力、机器、工具和物料等资源,并跟踪即时工作状态和完成指标情况。最终对纺纱生产数据进行统计,根据纺纱系统的生产参数和品种信息及生产计划指标快速形成图、表、报表,分析各项技术指标,将实际制造过程测定结果与企业制定的目标及客户要求进行比较,形成各类管理决策所需的依据。

 任务实施

登录新型纱线行业平台网站的产品供求信息版块,收集新型纱线具体品种信息 60～80 项,并将它们进行分类汇总,对比分析新型纱线的创新要素有哪些。

 课外拓展

（1）思考段彩纱产品开发体现了什么创新理论?
（2）思考 14.6 tex 棉/牛奶蛋白纤维/桑皮纤维(60/30/10)紧密纺针织纱的创新要素是什么?

任务二 纱线创新方法

 任务导入

依据纱线色彩多元化、结构新颖化、性能功能化等纱线创新方法,结合前期所学的纱线产品设计内容,创新设计一款结合市场需求的新型纱线。

 知识准备

一、原料色彩多元化

纺纱使用原料较长时期以棉花为主。由于近几年国内棉花资源紧缺,其价格高位运行。

为了降低纺纱对棉花的依存度,国内许多纺纱企业先后采用新型生物质纤维(桑皮纤维、锦葵纤维、木芙蓉韧皮纤维、柳皮纤维,甲壳素纤维等)、再生纤维(黏纤、莫代尔、天丝、丝绒蛋白纤维、竹代尔纤维、有机棉、立肯诺珍珠纤维、丽赛纤维,Viloft R 纤维、圣麻纤维、牛奶蛋白纤维、大豆蛋白纤维)及合成纤维(涤纶、腈纶、锦纶、丙纶、细旦纤维、双组分纤维、海岛纤维、T-400 纤维、PTT 纤维、PBT 纤维等弹性纤维)混纺开发多组分纺纱新品种,并尝试采用各种单色染色棉、天然彩棉等开发

图 4-3　天然彩棉纱

色纺纱(图 4-3),或在纺纱前对各种性质不同的原料进行染色,根据消费者对服装时尚、新颖、色彩靓丽的要求,开发多色彩的色纺纱,即在一根纱线上呈现多色彩的风格(多彩色混色纱),也能采用多种原料进行混用(多则 5~6 种),实现各种原料性能的扬长避短、优势互补。

二、纱线结构新颖化

为了满足国内外消费群体对服装时尚、美观、个性化的需求,国内纺纱企业开发新型纺纱(细纱)技术,如竹节纺、(单双芯)包芯纺、喷气涡流纺、缆型纺、嵌入式复合纺、扭妥纺、转杯纺、涡流纺、搓捻纺、捏锭纺、静电纺、磁性纺、摩擦纺、液流纺、程控纺、自捻纺、无捻纺及轴向纺等,可加工成形态结构各异的新型纱线,使纺纱从原料变化、色彩变化向形态结构变化发展。如江苏京弈、山东德州华源都开发出了涡流纺包芯纱,可有效解决包覆不良、芯丝外露的弊端。同时也可将新型纺纱技术嫁接到纺纱其他工序生产中,赛络纺技术、包芯纱技术、介入纺技术和竹节纱技术等创造性地移植到粗纱机上,开发出了具有特殊风格的新型纱线。如将不同颜色的纤维在粗纱上用赛络纺技术进行混合,由于纤维混合不够充分,粗纱中不同颜色的纤维呈束纤维状态,经细纱牵伸后,纱线色彩仍保持很强的立体感,风格独特。有企业采取将混比较小的纤维先纺成粗纱,然后将粗纱与条子同时喂入粗纱机,再经细纱工序纺成的“流光溢彩纱”富有层次变化,具有强烈的立体感和朦胧效果。也有企业利用粗纱创新技术成功开发出仿麻纱,其在粗纱机上的生产方法与流光溢彩纱基本相同,但为了保证布面出现咖啡色节点的麻布效果,在粗纱机上喂入的粗纱条中混了一定比例的红咖色精梳落棉。

由于精梳落棉中大部分纤维的长度只有 10~16 mm,牵伸过程中不易有效控制而形成浮游纤维,从而成束变速,纺制的纱线上会有较多的小竹节,织成的布面具有仿麻颗粒效果,且随着精梳落棉用量的增加,仿麻颗粒在布面的分布密度加大,层次感增强。另外,有企业将涤纶纤维条和棉纤维条同时通过不同口径的双口喇叭口、集棉器和集束器喂入粗纱机牵伸系统,经牵伸后,在特制托棉板的作用下,其中的涤纶须条被包裹进棉须条中,再通过细纱机牵伸,生产出满足织造要求的棉包涤纱线。如图 4-4 所示,介入纺纱是将需要介入纱线的粗纱条经细纱机牵伸,然后与从前罗拉钳口后面喂入的两根单纱同时从前罗拉钳口输出,一

起加捻成纱线,由于其结构特殊,立体感很强,可以产生色织、印染无法达到的视觉效果。采用介入原理,在生产粗纱的过程中,锭翼上方增加饰纱,经导纱钩引向假捻器,使饰纱与前罗拉输出的粗纱条捻合在一起,再经细纱牵伸生产成隆纹纱,其织物表面呈现"隆纹状花纹"。也可以在粗纱机上安装竹节纱装置,用数字伺服驱动技术控制竹节纱的节长、节距和节粗,可生产出有规律或无规律的粗纱竹节纱。

a. 纱线结构

b. 生产装置

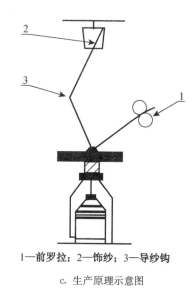

1—前罗拉;2—饰纱;3—导纱钩

c. 生产原理示意图

图 4-4　介入纺纱

三、纱线性能功能化

开发与扩大功能性纱线生产,既是为了适应当前市场及消费者对功能性纺织品日益增长的需求,更是企业加快产品结构调整步伐,规避常规纱线同质化竞争,实现产品升级的一项重要措施。因此,开发与生产各种功能性纱线与纺织品,是纺纱企业内部的一个研究热点。纱线性能功能化主要借助各种功能纤维,如空调纤维、保暖纤维(Thermolite 纤维)、吸湿排汗纤维(Coolplus 纤维、CoolMax 纤维)、抗菌纤维、吸光发热纤维、抗静电纤维、远红外纤维、负离子纤维等。如无锡四棉开发出冰爽凉夏系列纱、发热保暖系列纱、亲肤养肤系列纱、抗菌防螨系列纱等多组分复合功能纱线;江苏悦达纺织公司开发了功能性涤纶与腈纶复合的多功能纱线,如吸光发热与抗静电热波特纱、美雅碧纱、Micronova 与 Rentat 功能性涤纶生产的纱等;河北天纶纺织公司用 20 多种新型纤维开发出多种新型纱线,其中用柔丝蛋白纤维、草珊瑚纤维及纳米活性炭纤维开发的 3 种纱线,功能十分明显;德州华源生态科技公司重点推出了阻燃系列功能性纱,展示品种有芳纶 1313 与 1414 系列、兰精阻燃黏纤(TR)系列、阻燃腈纶系列、芳砜纶系列及原液芳纶等阻燃纱线,既有纯纺阻燃纱线,更多的是与精梳棉、涤纶、羊毛、导电纤维等混纺的纱线;浙江春江轻纺集团用长丝开发了短纤包芯纱、蜂窝涤纶纱、聚乳酸纱、防透纱、抗静电纱、保温纱及阻燃系列纱等多组分新型功能纱线。

 任 务 实 施

在初步的市场调研基础上,确定设计纱线的最终用途,并进行详细的市场调研,了解市场上现有同类产品的优缺点及市场需求,运用纱线创新方法对纱线品种进行包括原料、风格、规格、结构、生产技术、生产管理等系统化设计。

 课 外 拓 展

(1) 结合市场需求,设计一款结构新颖的功能性男士衬衫面料用纱。
(2) 结合市场需求,设计一款色彩多元结构新颖的夏季女装面料用纱。

任务三　新型纱线创意设计与实施

 任 务 导 入

将前期的新型纱线产品设计融入创意设计元素,并组织实施创意设计,进行纱线小样试制与修正。

 知 识 准 备

一、新产品创意设计

创意设计,简而言之,它由创意与设计两个部分构成,是将富于创造性的思想、理念以设计的方式予以延伸、呈现与诠释的过程或结果。新型纱线的创意设计可依托自然元素、色彩元素及结构元素,从而开发出具有一定创意特性的新型纱线。

1. 融入时尚自然元素

在新型纱线的创意设计过程中,纺纱企业将一些优美的自然现象融入新型纱线的开发过程中,使得开发出来的创意纱线给人以清新亮丽的感觉。百隆东方股份有限公司是一家集研发、生产、销售色纺纱于一体的外商投资股份制企业。一直以来,百隆始终坚持自己独特的色纺纱开发理念,在强调环保、绿色、创新的基础上,将各种自然元素融入纱线中,使产品展现出特别的自然风采。如百隆开发的"云纹纱",取材自天上浩荡的层层云群,将其形态通过柔和的丝与点表现,并且通过对不同时段、不同季节的云层的记录,设计了各种代表天空的颜色;"隆纹纱"借鉴湖面的波光粼粼及流星造访夜空的场景,通过断点的线牵引出自然、浪漫、随意的画面感;"穗纱"的灵感来源于麦田的景色,分为初生麦穗和成熟麦穗两种风格,用不同繁密程度的椭圆点表现田园里麦穗的生长过程,创意十足。

2. 融入时尚色彩元素

纱线作为纺织产品前道生产的半成品,不仅关系到织物后道生产的效率,也决定着织物的质量、功能性、档次、外观等。在纺织行业面临严峻挑战的今天,纱线企业越来越感觉到流行趋势导向的重要性,把创意与纱线产业相结合。如通过色彩与多种纤维的有机结合,体现各种纱线产品主体,"绿野寻踪"体现旅行、新思潮、理想主义,利用纯粹的棉、亚麻和竹纤维,不添加任何其他材料,呈现给消费者一个最干爽的外观,并用简洁的本色和清新的绿色、趋向泥土的棕色,暖灰色、紫色和粉红色作为配色;"都市光影"体现都市、柔和、现实主义,使用透明感的超细纱线、羊毛、羊绒/真丝/长绒棉混纺纱,呈现一种绞花结构,并搭配奶白色、薰衣草色、淡绿色、夏季驼色和冰淇淋的粉彩色;"心灵驿站"体现质朴、禅意、归因主义,用酒椰纤维和高捻度亚麻带来的起皱效果表现这一主题,搭配饱满的糖浆色调和古金色,奢华的金、铜结合浓郁的紫色;"逍遥乐士"体现乐观、民族的、艺术的、自由主义,采用纯棉纱线、黏胶纤维和腈纶混纺缎带纱,并结合洋溢青春气息的亮丽色,如宝石蓝、橙红色、亮黄色、玫瑰色,与白色和黑色形成强烈的反差,能体现这一主题。

3. 融入时尚科技元素

随着科技的迅速发展,纺织技术再也不是一门独立的学科,已经逐渐扩展到其他学科,形成了交叉的现代纺织技术,纺纱技术可以依靠温度、光线、电等科技元素开发变色风感光变色纱线(图 4-5)、变色风感温变色纱线(图 4-6)、变色风夜光发光纱线(图 4-7),以及电

图 4-5 感光变色纱线

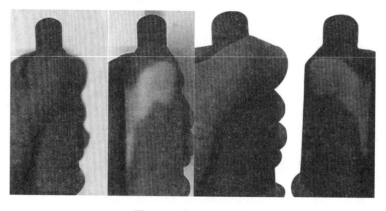

图 4-6 感温变色纱线

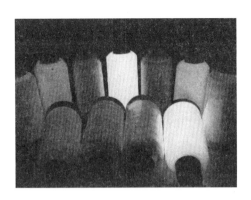

图 4-7　夜光发光纱线

致变色纱线。变色风感温变色纱线是一种随温度上升或下降而反复改变颜色的产品,常见的变色温度为 31 ℃,俗称手摸变色、手感变色。变色风的变色温度有 18 ℃、22 ℃、31 ℃、33 ℃、45 ℃、65 ℃。可逆感温变色纱线在显色状态下有 15 个基本色(低温有色而高温无色)。除基本色外,还可根据客户要求配置有色变有色,如橙色变黄色、绿色变黄色、紫色变蓝色、紫色变红色、红色变黄色、蓝色变黄色、紫红色变浅蓝色、紫蓝色变浅红色、咖啡色变红色等。目前有 PP/PE 感温变色纱线。感温变色纱线用途广泛,可以制作饰品、纺织品、假发、织带、商标等。变色风感光变色纱线经阳光/紫外线照射后产生颜色变化,当失去阳光/紫外线后颜色会还原。目前有 PU/PVC 感光变色纱线。变色风夜光发光纱线先吸收各种光和热,转换成光能储存,然后在黑暗中自动发光,通过吸收各种可见光,实现发光功能。该产品不含放射性元素,并可无限次数循环使用,对 450 nm 以下的短波可见光、阳光和紫外线光(UV 光)具有很强的吸收能力。变色风夜光发光纱线有长效型 6 色、普通型 1 色,可添加各色荧光剂调色,各色夜光材料可相互混合调色。夜光发光纱线用途广泛,可以制作饰品、纺织品、假发、织带、商标等。电致变色纱线的光学属性(反射率、透过率、吸收率等)在外加电场的作用下发生稳定、可逆的颜色变化,在外观上表现为颜色和透明度的可逆变化。在纱线原料内部加入的具有电致变色性能的材料,称为电致变色材料。

二、新产品创意实施

美国著名广告专家詹姆斯·韦伯·扬指出:创意是一种组合,组合商品、消费者及人性的种种事项。新型纱线创意是通过创新打破传统纱线开发的思维意识,进一步挖掘和激活其他资源的组合方式,从而提升资源价值,进而扩大纱线消费群体。新型纱线创意主要依靠自然元素、色彩元素及科技元素开发新型纱线。因此,在新型纱线创意实施过程中,人力、物力等资源必须有效配合。

1. 创意实施设计人才的组合

新型纱线创意实施过程中,不能仅仅依靠纺纱企业内部的工作人员,需要集艺术、美术、创意设计、染整专业、化纤材料、电学等多专业人才。新型纱线融入自然元素时,需要艺术专业工程师将自然现象转化为新型纱线可实现的要素,这需要艺术专业工程师、创意设计工程师及纱线工艺设计工程师三者之间的有效沟通,形成最后的新型纱线创意开发的实施方案。

新型纱线融入色彩元素时,美术专业工程师必须经过前期大量的市场颜色流行趋势调研,确定时尚色彩元素,然后由染整专业工程师根据不同的原料并针对需要的色彩进行纤维染色工艺设计及制样,同时由美术专业工程师与纱线工艺设计工程师确定纱线纤维色彩的搭配及最后的新型纺纱工艺方案。新型纱线融入科技元素时,需要电学、美术、纱线工艺设计工程师三者之间的有机配合,化纤纺丝前必须明确加入感光变色、感温变色材料的量,由美术专业工程师确定颜色的变化和种类是否满足客户最终的要求,当感光变色、感温变色等纤维材料生产后,纱线工艺设计工程师需要根据纤维材料的性能特点确定最佳的纺纱工艺设计实施方案。电致发光纱线的开发还需要电学人才的加入。

2. 创意实施设计生产加工的组合

新型纱线创意实施过程中,除了需要各种纱线创意设计人才外,完好的加工生产设备及其生产技术操作人员也是必不可少的。如需要有优良的化纤生产设备(根据纤维材料的种类,有不同的纺丝方法,如干法纺丝、湿法纺丝、聚合物挤压纺丝等)、优良的染色设备(根据色彩需求的不同,采用不同的染色方法,如散纤维染色、筒纱染色、毛条染色等)、优良的纺纱生产设备(根据纱线质量的要求,有不同的纺纱流程,如普梳环锭纺纱、紧密纺纱、涡流纺纱、竹节纱等)。在设备运转优良的前提下,还需要经验充足的生产技术操作人员,在遇到化纤纺丝生产难题、染色不均技术问题、纺纱生产质量等技术难点时,能依靠自己积累的工作经验,很好地解决,使生产加工过程顺利进行,保证新型纺纱的产品质量。

3. 创意实施的反复验证

当新型纱线试纺成功后,并不能认为新开发的纱线能满足客户的需求,首先必须进行纱线各项常规性能的检测,如纱线的断裂强度、线密度、条干、毛羽等;若常规性能满足要求,还必须验证新型创意纱线的特殊功能是否能达到最终的实用要求。同时要预判出纱线性能的稳定性如何。如感光变色纱线、感温变色纱线,需要界定它们暴露在一定的光照条件、温度条件下,是否达到需要转换的各种颜色,同时颜色保持性如何,一旦这些指标未达到最终需求,必须重新调整创意设计方案,并及时组织创意纱线的生产实施;再如电致发光长丝纱,需要界定它们暴露在一定的电流条件下,是否达到设计的颜色要求,一旦电流消失,电致发光后长丝纱的颜色保持时间是否达到客户的最低标准。这些都需要与客户做进一步的确认,若未达到,则需要重新设计和调整生产方案。

 任 务 实 施

完善纱线新产品创新创意设计内容,提出实施产品所需的设备改造,制定合理的技术路线和生产工艺,组织纱线小样试制与修正。

 课 外 拓 展

(1)思考设备改造对于纱线产品质量及生产过程管理的影响。

(2)根据新型纱线产品小样试制心得,思考新型纱线产品开发人才岗位能力要求。

任务四　新产品立项与技术评审鉴定

任务导入

针对前面创新创意设计与实施小样试制的产品,了解产品技术评审与投产鉴定的相关程序和要求,提出评审鉴定申请,拟定技术评审与投产鉴定的相关文件。

知识准备

国家为了规范新产品、新技术,鼓励能力强的科技型企业组织国家或省级新产品、新技术的鉴定,促进技术与经济的结合。伴随着纺织科技创新从跟跑、并跑,发展到领跑时代的到来,新型纱线产品层出不穷,为维护产品在市场竞争中的地位,纺纱企业有必要对开发的新型纱线进行新产品、新技术的评审与鉴定。

一、鉴定的一般范围与原则

(1)新产品、新技术的鉴定范围是指列入国家和省技术创新项目计划和新产品试产计划的新产品、新技术(图4-8),实施项目计划过程中研究开发的新产品、新技术,以及企业自行开发,提出鉴定申请的重大新产品、新技术。具体分为新产品投产鉴定、新产品样机(样品)鉴定、新技术鉴定。

图4-8　新产品项目来源国家星火计划和省火炬计划立项证书

(2)涉及人身安全、健康和社会公共利益,以及国家有特殊规定的新产品、新技术的鉴定工作,按国家有关规定执行。

(3)新产品、新技术鉴定由企业主管部门或行业协会组织有关专家,按照相关"新产品新技术鉴定验收管理办法"和"新产品新技术鉴定实施细则"的要求和程序,对纺纱企业技术创新活动中形成的新产品、新技术的主要技术指标、技术水平、市场前景、生产能力和社会经济效益等进行综合审查和评价,做出相应的结论,经审批形成新产品鉴定证书。

（4）新产品、新技术的鉴定证书作为一种具有法律效力的文件,是纺纱企业组织新型纱线产品投产,实施新型纱线纺纱技术推广应用和转让,申领生产许可证、准产证,参加重大项目招标,申报市级以上科技进步奖、技术发明奖励以及申请享受国家有关扶持政策的主要依据。

（5）新产品、新技术鉴定工作要坚持科学严谨、客观公正、注重质量、讲究实效的原则,确保鉴定工作的严肃性、科学性。

二、鉴定的主要内容

（一）新产品投产鉴定的主要内容

（1）审查生产管理用技术文件的完整性、正确性、统一性,评价是否符合国家有关技术基础标准,做出是否可以指导批量生产的结论。

（2）审查试制产品是否符合产品标准及相关技术标准,评价其先进性。

（3）审查生产设备、工艺设计、检测手段是否具备,安全、卫生、环保是否符合要求。

（二）新产品样品鉴定的主要内容

（1）审查提供鉴定的技术文件的完整性、正确性、统一性。

（2）审查样品的各项技术指标是否符合产品技术条件,评价其技术水平。

（3）考核新产品试产所需的条件是否具备,安全、卫生、环保是否符合要求。

（三）新技术鉴定的主要内容

（1）审查提供鉴定的技术文件的完整性、正确性、统一性。

（2）审查新技术的各项技术指标是否符合技术任务书的要求,评价其技术水平。

（3）审查新技术推广应用所需的条件是否具备,安全、卫生、环保是否符合要求。

三、鉴定需具备的条件

新型纱线新产品投产鉴定、产品样品鉴定或新技术鉴定,一般应具备下列条件:

（1）已完成新产品项目开发任务或试产计划,试产的新型纱线产品已经法定检测单位按国家标准或行业标准进行相关检验检测,且结果符合标准要求,并经2家以上用户试用;已完成新型纱线产品样品的试制计划,并经权威检测单位检测;已完成技术任务书规定的研究任务,新技术经过与目前现有的相关技术对比测试。

（2）具备投产鉴定所需的全套技术文件(含产品标准或技术条件)。

（3）具备投产所需的工艺设备、产品出厂的检测设备及相关的原材料、外购、外协件检验设备。

（4）产品及其生产过程已执行环保、安全、卫生等有关规定。

（5）无知识产权争议。

（6）符合规定的鉴定申报程序。

四、鉴定应具备的技术文件

申请新产品投产鉴定一般应具备下列文件：

（1）计划或技术任务书。新产品投产或样品鉴定应提供计划任务书，提出试产数量、进度安排、责任人、资金的筹措与使用。新技术鉴定应提供技术任务书，提出试制产品要达到的技术指标，技术文件要达到的要求，设备、工装、检测手段要达到的要求，试产过程中要解决的技术问题，各阶段进度安排及责任人。

（2）试制总结。主要内容为项目来源，市场前景分析预测，试制数量和时间，试验数量和时间，试用数量和时间，试制各阶段解决的问题，尚存在的问题及解决方案。

（3）技术总结。主要内容为试制技术方案概述，试制产品各项技术指标，各项技术问题的解决方法及结论，尚存在的技术问题及解决方案。

（4）产品标准。新产品投产或样品鉴定应提供国家标准或行业标准。对没有国家标准、行业标准的新产品，企业应当依据相关的国家标准、行业标准、地方标准制定企业标准，并按有关规定进行审查、备案、发布。

（5）检测报告。由国家、省有关部门认定的专业检测机构抽样检测或技术测试，出具产品检测报告或技术测试报告。

（6）查新报告。由国家认定的有资格开展情报检索业务的情报检索机构出具查新报告。查新报告的结论应有与国内外同类产品的对比数据，对先进性进行定性和定量的分析评价，对创新性给出明确具体的结论。

（7）标准化审查报告。新产品投产或样品鉴定应对产品的形式、基本参数、性能指标、产品图样和技术文件符合标准的程度及完整性程度，工艺文件和工艺装备图样符合标准化情况，材料的标准化情况做出审查，计算出标准化系数，并对标准化的经济效果做出分析。

（8）技术经济分析报告。对试制产品的主要技术指标与国内外同类产品进行对比分析，对技术的先进性做出评价；对技术方案的市场接受程度、批量生产能力、投资情况进行分析，评价技术方案的经济性。

（9）用户试用报告。新产品投产或样品鉴定应提供用户试用报告，分析在试用过程中产品的技术性能，评价是否满足用户的技术要求。

（10）涉及环境保护和劳动保护等的新产品，需有关主管部门或机构出具报告和证明。

五、鉴定的申请审批程序

（1）由新型纱线产品或新技术的开发单位填写"新产品、新技术鉴定申请表"（图4-9），连同全套鉴定技术文件，报行业主管部门或市技术创新归口管理职能部门进行初步审查，经初步审查合格签署意见后，报省主管部门审批。

（2）省主管部门（经济与信息化委员会）收到新产品、新技术鉴定申请后，即对所报全套鉴定技术文件进行审查，经审查合格，即行批复，对鉴定做出安排。根据企业的规模和项目重要程度，分三种情况做出处理：一般项目委托市主管部门主持鉴定；重大项目由省主管部

新产品新技术鉴定验收申请表

产品（技术）名称			项目计划编号	
完成单位				
联系人			联系电话	
项目资金构成				
项目起止时间				
项目完成单位意见	盖章 年 月 日			
县（区）经信委（局）意见	盖章 年 月 日			
市经信委意见	盖章 年 月 日			
鉴定组织单位意见	鉴定类别		是否委托市经信委主持	是□ 否□
	鉴定方式	会议	鉴定证书编号： 苏经信鉴字（20 ）号	
	盖章 年 月 日			

注：1、如有几个项目完成单位，所有项目完成单位皆需在项目完成单位意见栏盖章。
2、“鉴定组织单位意见”栏的所有内容由省经信委填写。

提供鉴定的文件目录

文件名称	提供单位

2

鉴定委员会成员推荐名单

序号	鉴定会职务	姓名	所学专业	从事专业	职称（职务）	工作单位

注：1、推荐名单中的专家须经省经信委确认后才能邀请。
2、与完成单位及其项目合作单位有利益关联的人员不能列入推荐专家名单。

3

图 4-9　新产品、新技术鉴定申请表基本格式

门主持鉴定；特别重大的项目报请国家主管部门组织鉴定。

六、鉴定过程的一般要求

(1) 鉴定主持单位根据新型纱线具体项目及鉴定类别决定鉴定形式，投产鉴定必须在纺纱生产企业当地按会议鉴定形式进行，且必须进行现场产品复测。为个别用户研制的新产品或新技术可以采用合同验收，无需审查技术文件的可以采用检测鉴定形式。

(2) 鉴定主持单位召集有关专家组成鉴定委员会，由鉴定委员会负责鉴定的技术评议过程，并最后形成鉴定结论及鉴定证书报批文件。鉴定委员会的职责要求：接受鉴定组织和主持单位的领导，并对其负责；坚持实事求是、科学严谨的态度，对新产品、新技术进行审查和评价；组织审议新产品、新技术的答辩、验证试验和评议；提出鉴定报告，对结论持有异议的问题，要在报告中注明，全体成员要在鉴定证书上签字；鉴定委员会的主任委员对鉴定结论负责，每位专家有权充分发表个人意见。

(3) 鉴定委员会的组成原则：鉴定委员应由同行和用户专家 7～15 人组成，一般为单数。专家一般应具有高级技术职称。也可酌情邀请具有中级职称的行业中青年专家参加。项目开发单位的人员原则上不得进入鉴定委员会。

(4) 鉴定会结束后，开发单位在 1 个月内印好鉴定证书，鉴定证书采用统一格式。将鉴定证书 10 份，鉴定证书原稿 1 份送到鉴定主持单位审查盖章，最后报送鉴定组织单位签署意见、盖章、正式颁发鉴定证书。

（5）鉴定组织单位将鉴定申请表 1 份、鉴定证书 1 份归档。鉴定主持单位、开发单位应根据各自的档案管理规定,对鉴定的技术文件、鉴定证书进行归档。

 任 务 实 施

以"高含量空调纤维/棉混纺纱"新产品为例,说明起草的新产品鉴定大纲。

高含量空调纤维/棉混纺纱 新产品鉴定大纲

一、产品型号、名称

高含量空调纤维/棉混纺纱,规格:"相变调温纤维 40/棉 60 28 tex"纱。

二、鉴定依据

（1）项目计划任务书。
（2）FZ/T 12029—2012《精梳棉与黏胶混纺色纺纱线》。

三、鉴定性质

（1）新产品鉴定。
（2）科技成果鉴定。

四、鉴定内容

（1）审查该产品工艺设计,技术指标是否达到标准和设计要求。
（2）审查该产品技术资料、文件是否完整、齐全、正确、清晰,是否具有批量生产的能力。
（3）审查该产品生产技术、经济指标的合理性和推广应用的可行性。

五、提供审查和鉴定的主要技术文件

（1）鉴定大纲。
（2）计划任务书。
（3）产品试制总结报告。
（4）产品技术总结报。告
（5）工艺设计书。
（6）经济效益分析报告。
（7）产品标准。
（8）产品检测报告。
（9）用户意见。

（10）查新报告。

六、鉴定程序

（1）成立鉴定委员会。

（2）通过鉴定大纲。

（3）试制单位介绍有关技术。

（4）审查技术文件、认定产品检测报告。

（5）参观生产现场和检测设备。

（6）讨论通过该产品鉴定意见。

（7）鉴定委员会成员签字。

图 4-10 所示为该产品的省级新产品新技术鉴定证书。

新产品新技术鉴定证书	鉴定委员会意见：
苏经信鉴字[2016]737号	由江苏省经济和信息化委员会组织，盐城市经济和信息化委员会主持，于2016年11月26日在盐城市召开了由江苏悦达现代纺织研究院有限公司研制的"高含量空调纤维/棉混纺纱"省级新产品鉴定会。鉴定委员会听取了项目研制工作报告、技术报告，审查了相关文件资料，察看了产品实样，经质询和讨论，形成如下鉴定意见：
产品（技术）名称：高含量空调纤维/棉混纺纱	1、提供的材料齐全、完整，符合鉴定要求。
完 成 单 位：　江苏悦达现代纺织研究院有限公司	2、该产品选用德国产 clima 空调纤维与棉纤维为原料进行混纺，经过清花、梳棉、并条、粗纱、细纱和络筒等工序加工而成。该纱中空调纤维含量达40%，有一定的调温能力，适合制作高档服装、家纺面料。
	3、该产品根据纱线质量要求和原料性能，研发过程中在梳棉工序采用紧隔距、强分梳；并条工序采用封闭降温、低速轻定量并用抗静电皮辊；细纱采用低捻度、大捻系数等工艺配置。从而保证了纱线强力和条干质量指标，解决了生产中因空调纤维缠绕皮辊罗拉的技术难题。
	4、该产品经盐城市纤维检验所检验，所检项目 FZ/T 12029-2012《精梳棉与粘胶混纺色纺纱线》标准规定的一等品要求。产品经用户使用，反映良好。
鉴 定 类 别：　新产品鉴定	5、企业生产设备、检测手段先进，质保体系完善，能满足批量生产要求。
鉴 定 形 式：　会议鉴定	鉴定委员会一致认为该产品开发成功填补了国内空白，工艺技术属于国内领先水平，同意通过省级新产品鉴定。
鉴定主持单位：　盐城市经济和信息化委员会	
鉴定组织单位：　江苏省经济和信息化委员会	主任委员
鉴 定 日 期：　二〇一六年十一月二十六日	副主任委员
	2016年11月26日

图 4-10　高含量空调纤维/棉混纺纱省级新产品新技术鉴定意见

 课外拓展

学习起草简单的产品试制总结报告、产品技术总结报告、工艺设计书等文件。

任务五　产品创新与知识产权保护

根据设计新型纱线产品的试制技术报告,起草一份实用新型专利的申报材料。

创新是一个民族进步的灵魂,是国家兴旺发达的不竭动力。当今,知识经济已向我们走来,国际间的竞争日益剧烈地反映在知识和科学技术方面。为增强我国科技实力,国家实施了创新工程,其目的就是依靠技术创新,实现经济的跨跃式发展,使我国的综合国力能跻身于世界前列。

一、知识产权保护的意义

在实施新型纱线创新开发工程的同时,不能忽略一个极为重要的问题:怎样才能使企业创新出来的新型纺纱技术优势在一定的时期内保持下去。这就是必须加强新型纱线开发知识产权的保护。新型纱线开发技术创新是纺织科技创新的一个重要组成部分,纺纱企业必须重视创新知识产权的保护,增强纺纱企业的核心竞争力,这是国内纺纱企业赢得国际竞争力的必由之路。面对经济全球化,国内的纱线行业目前正在加快结构调整和纺纱产业转型升级,以纺纱技术信息化带动纺纱企业工业化,以创新积累带动传统纺纱的生产要素积累,大力实施"走出去"战略,广泛开展国际经济交流合作,并将保护自身知识产权摆到突出的位置,可顺应新型纺纱企业自身发展的迫切需要和国际竞争的发展趋势。

二、商标保护实施

商标保护是指对商标依法进行保护的行为、活动,它也是指对商标进行保护的制度(程序法或实体法)。商标保护的作用在于使商标注册人及商标使用权人的商标使用权受到法律的保护,告知他人不要使用与该商标相同或近似的商标,追究侵犯他人注册商标专用权的违法人员的相关责任,保证广大的消费者能够通过商标区分不同的商品或服务的提供者,同时最大限度地维护消费者和企业的合法权益。商标保护是通过商标注册,确保商标注册人享有用以标明商品或服务,或者许可他人使用获取报酬的专用权,而使商标注册人及商标使用人受到保护。

目前国内许多纺纱企业已经有很强的商标保护意识,为了确立自己的品牌特色,也为了让纱线消费者认识并认可自己的品牌,纺纱企业逐渐建立起自己的纱线品牌商标(图4-11)。国内比较知名的兴隆毛纺、鸿基毛纺、霞客色纺、天友氨纶纱等,都有自己的商标品牌。若纱线品牌受到侵犯,纺纱企业商标保护有两种方式:一种是由国家各级工商行政管理部门或公安经济侦查部门主动行使权力,对主管辖区内发生的假冒注册商标、商标侵权案件进行依法查处;另一种是由企业、个人向上述两个权力部门举报商标违法、犯罪行为,或由相关商标使用权人向法院起诉商标侵权。商标保护期限自商标注册公告之日起10年,期满后,需要另外缴付费用,即可对商标予以续保,次数不限。

图 4-11 中国优秀十大纱线品牌

三、专利保护实施

专利一般是由政府机关或者代表若干国家的区域性组织根据申请而颁发的一种文件,这种文件记载了发明创造的内容,并且在一定时期内产生一种法律状态,即对于获得专利的发明创造,一般情况下他人须经专利权人许可才能予以实施。在我国,专利分为发明、实用新型和外观设计三种类型。三种专利的证书样式如图 4-12 所示。专利是受法律规范保护

图 4-12 专利证书样式

的发明创造,它是指一项发明创造向国家审批机关提出专利申请,经依法审查合格后向专利申请人授予的在规定时间内对该项发明创造享有的专有权。专有权具有独占的排他性。非专利权人要想使用他人的专利技术,必须依法征得专利权人的同意或许可。企业在研制开发新产品阶段、专利申请阶段和专利应用阶段的整个过程中,都要高度重视相关技术文件的有效保护,才能保证企业应有的合法权益,争取企业应有的利益最大化。

(一)专利开发、研制阶段的保护战略

因为许多新型纱线的开发及研制需要一定的时间,很多企业忽略了这一阶段的保护,这一阶段是专利保护体系中最薄弱的一个环节。一直以来,企业都认为专利保护从新产品研制成功或新技术开发成熟,可以申请专利时开始,这使得企业重复开发,引发专利纠纷;或因保密工作做得不好,开发人员擅自以论文的形式对外公布成果,使新型纺纱技术丧失"新颖性",新型纺纱企业无法申请专利。在专利开发、研制阶段,新型纺纱企业对专利的保护应注意以下几个方面:

1. 加强专利文献信息的检索、查询

新型纺纱企业在进行新型纱线产品开发、新型纺纱技术研制前,首先要做好专利文献的检索、查询工作,通过专利文献所提供的技术资料,了解本技术领域内国内外最新科技成果和研究动态,从而减少专利纠纷,避免重复开发,降低新型纱线产品开发、新型纺纱技术研制中的风险,节省研究经费,确定正确的研究方向,为企业的专利申请奠定良好的基础。

2. 订立开发协议

随着经济的高速发展,专利技术的开发形式趋于多样化,由此产生的专利纠纷数量日益增多,形式也日益多样化、复杂化。因此,为避免纠纷的发生,维护新型纺纱企业的合法权益不受侵害,新型纺纱企业在专利开发时,应通过签订专利开发协议,明确专利开发各方的权利、义务,保障专利开发的顺利进行。特别是对参加开发的有关新型纺纱技术人员的有关保密、成果发布、资料保管、利益分配等,均应明确规定。

3. 重视开发、研制过程中的保密工作

目前,纺纱企业的保密意识已经有所增强,但对于专利研制、开发阶段的保密工作,重视程度还很不够。为维护企业的合法权益,新型纺纱企业应做好以下两方面的工作:

(1)纺纱企业内部成立保密领导机构,制定健全的保密规章制度。如对于企业内的原料使用、技术参数、工艺流程等设专人管理,分级存放,平时上锁;确定机密车间,非经准许不得入内;对复印机、传真机、电话机的使用及来往信函的收发,规定一定的控制监督程序等。

(2)纺纱企业与员工签订劳动合同时,应同时签订保密协议、竞业禁止协议,明确保密的范围、手段及违约责任,防止因人员流动而造成泄密,致使企业遭受重大损失。

(二)专利申请阶段的保护战略

我国《专利法》关于专利授予规定的是申请在先原则,即专利权授予在先申请的发明人。因此,当纺纱企业的一项新型纱线产品开发成功或新技术研制成熟,符合专利申请的条件时,纺纱企业应当及时向专利申请机关提出专利申请,防止他人抢先申请而使企业合法权益遭到侵害。同时,对于可以分阶段申请专利的纺纱新技术或纺纱新产品,纺纱企业可分段申请,在取得阶段性成果时,先就阶段性成果申请专利权(外观设计、实用新型或发明专利),待

整个专利技术或产品研究成功后,再就新研究部分的成果申请专利权,这样更有利于企业专利权的保护。

新型纱线专利权的申请可委托专利代理机构办理,也可由发明人自行办理。纺纱企业申请发明或实用新型专利,应当提交请求书、说明书及其摘要和权利要求书等文件;申请新型纱线外观专利,应当提交请求书及该外观设计的图片或照片等文件,并且应当写明使用该外观设计的产品及其所属的类别。

在专利申请过程中,纺纱企业还应当明确专利申请权的权属,即区分职务发明与非职务发明,以及合作开发、委托开发的专利申请权归属。依据《专利法》及《专利法实施细则》的规定,职务发明是指:

(1)在本职工作中做出的发明创造。

(2)履行本单位交付的本职工作之外的任务所做出的发明创造。

(3)退休、退职或调动工作一年内所做出的与本职工作有关的发明创造。

图 4-13 和图 4-14 所示分别为科研院所及企业针对新型纺纱技术授权的实用新型和发明专利证书。职务发明创造的申请权和专利权都归单位所有。同时,修改后的《专利法》规定:对利用本单位的纺纱技术条件所完成的发明创造,若单位与发明人、设计人在事先订立了合同,对申请专利的权利和专利权的归属做了约定,应当按照双方的约定执行。

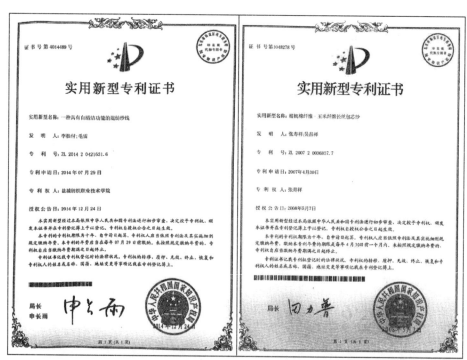

a.一种具有自清洁功能的混纺纱线　　　b.精梳棉纤维·玉米纤维长丝包芯纱

图 4-13　新型纺纱——实用新型专利证书

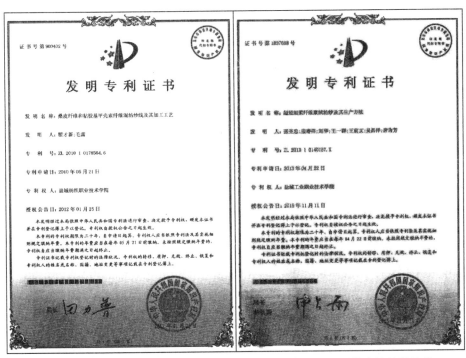

a. 桑皮纤维及黏胶基甲壳素纤维
混纺纱线及基加工工艺

b. 超短细柔纤维聚绒纺纱及其
生产方法

图 4-14　新型纺纱——发明专利证书

在合作开发、委托开发时，双方应事先约定专利申请权及专利权的归属；若双方无约定，依《专利法》的规定，专利申请权及专利权属于完成或者共同完成专利权的单位或个人。此外，因专利技术具有地域性的特征，纺纱企业在本国获得专利权后，一般只能在本国范围内受到保护。若纺纱企业想开拓国际市场，扩大专利保护空间，在国外获得保护，纺纱企业还应向国外申请专利。

（三）专利应用阶段的保护战略

纺纱企业在专利申请获准，拥有专利权后，更应加以重视、认真考虑的问题是：如何充分、有效地应用这一专利，使本企业能在竞争中占据优势，实现专利技术的产业化。目前，纺纱企业专利技术的产业化通常有以下途径：（1）纺纱企业自行实施该专利技术，生产、销售专利产品，提高本企业纺纱产品的科技含量，从而提高本企业的市场竞争力；（2）将对本企业的技术发展作用不大的专利技术进行转让，以获得专利转让费；（3）与他人签订专利实施许可合同；（4）将本企业无能力自行开发的新型纺纱专利技术投资，如与他人联营、技术入股等，充分实现该专利的经济效益。在专利应用阶段，纺纱企业对专利的保护，应注意以下几个方面：

1. 维持专利权效力

按时缴纳专利年费，维持专利权的效力，是企业专利保护的前提。有的纺纱企业在获得专利权后，因专利实施一时受挫，收益不大，便停止缴费，使专利权被专利管理机关公告终止。之后发现其他纺纱企业生产本专利产品，获利颇丰，很是后悔，但已无法补救。因此，是否停止缴费，放弃专利，企业应慎重考虑，不应因为一时的失误导致企业资产的大量流失。

2. 签订合法有效、权利义务关系明确的合同

纺纱企业在专利转让、许可及投资过程中，应重视合同的订立，合同一方面能保障转让、许可或投资的顺利进行，另一方面在纠纷发生时，能维护纺纱企业的合法权益，尽快解决纠纷。为此，纺纱企业应特别注意违约责任的确定、纠纷处理条款的订立及有关专利技术条款的完善，同时要注意合同条款的可操作性。

3. 关于专利技术的后续研究

21世纪是知识经济的世纪，科学技术的发展日新月异，纺纱企业在应用专利技术的过程中，还应根据市场需求及本企业技术能力的不断提高，加强对专利技术的后续研究，以便使专利技术升级换代，确保本企业纺纱产品的技术含量和竞争优势。

（四）专利侵权救济阶段的保护战略

当纺纱企业的专利权被他人侵犯，合法权益受到损害时，企业能否及时采取措施，对侵权行为加以有效制止，并获得合理赔偿，对企业而言，具有重大意义。

企业在专利侵权救济阶段的专利保护，应注意以下两个方面：

1. 专利侵权行为的识别和发现

要制止他人的侵权行为，首先应学会识别侵权行为。根据我国《专利法》的规定，专利侵权行为须具备以下两个要件：

（1）专利侵权行为必须有实际的侵害行为发生，即侵权人未经专利权人的许可，实施了加工、使用、销售、进口专利产品或使用专利方法直接加工产品的行为。

（2）侵犯专利权的行为必须是违法的行为。并非所有未经专利权人的同意，侵害其专利权的行为，都属于专利侵权行为。如为科学研究和试验目的的使用、先用权人的使用、善意使用和销售某些专利产品、强制许可和计划许可等行为，属于《专利法》规定不视为专利侵权的行为。

要制止他人侵权行为，还要及时发现侵权行为，这需要纺纱企业注意对各类市场信息和市场动态的搜集；同时要加强对市场纱线产品的监控，尤其是对同行、竞争对手投放市场的纱线产品的监控。这样，才能及时发现专利侵权行为，并采取措施加以制止，将企业损失降到最低。只有以上两个要件同时具备，才构成专利侵权行为，专利权人才能制止侵权，要求赔偿。

2. 对专利侵权行为的处理

根据我国《专利法》的规定和实践经验，纺纱企业在发现专利侵权时，可通过以下三种方式处理：

（1）双方和解。专利权人可先向侵权人发出警告信，指出其侵权事实，使其停止侵权，赔偿损失，或通过与对方协商、谈判，签订实施许可合同。

（2）向专利管理机关申请调查、处理。专利权人可在无法与对方和解的情况下，或不经和解直接向专利管理机关请求处理专利侵权纠纷。

（3）向人民法院起诉。专利权人也可通过诉讼来解决专利侵权纠纷，维护企业合法权益。

四、专利的类型与申报流程

（一）专利的类型

在我国，专利分为发明、实用新型和外观设计三种类型。

我国《专利法》对发明的定义："发明是指对产品、方法或者其改进所提出的新的技术方案。"发明专利并不要求它是经过实践证明可以直接应用于工业生产的技术成果，它可以是一项解决技术问题的方案或是一种构思，具有在工业上应用的可能性。但不能将这种技术方案或构思与单纯地提出课题、设想混同，因单纯的课题、设想不具备工业上应用的可能性。

我国《专利法》对实用新型的定义："实用新型是指对产品的形状、构造或者其结合所提出的适于实用的新的技术方案。"和发明一样，实用新型保护的也是一个技术方案。但实用新型专利保护的范围较窄，它只保护有一定形状或结构的新产品，不保护方法及没有固定形状的物质。实用新型的技术方案更注重实用性，其技术水平较发明而言要低一些。多数国家实用新型专利保护的都是比较简单的、改进性的技术发明，可以称为"小发明"。

我国《专利法》对外观设计的定义："外观设计是指对产品的形状、图案或其结合以及色彩与形状、图案的结合所做出的富有美感并适于工业应用的新设计。"外观设计与发明、实用新型有着明显的区别。外观设计注重的是设计人对一项产品的外观所做出的富于艺术性、具有美感的创造，但这种具有艺术性的创造，不是单纯的工艺品，它必须具有能够为产业上所应用的实用性。

国际上，人们为了保证技术信息传播的合作性和合理性，建立了 PCT（专利合作协定，Patent Cooperation Treaty），它是专利领域的一项国际合作条约。图 4-15 所示为科研院所（盐城工业职业技术学院）申请的 PCT 专利《一种定量分析方法》。

（二）专利的申报流程

依据《专利法》，发明专利申请的审批程序包括受理、初步审查阶段、公布、实质审查及授权五个阶段，而实用新型和外观设计申请不进行早期公布和实质审查，只有三个阶段。

1. 受理阶段

专利局收到专利申请后进行审查，如果符合受理条件，专利局将确定申请日，给予申请号，并且核实文件清单后，发出受理通知书，通知申请人。

2. 初步审查阶段

经受理后的专利申请按照规定缴纳申请费的，自动进入初审阶段。初审前，发明专利申请首先要进行保密审查，需要保密的，按保密程序处理。初审时，要对申请是否存在明显缺陷进行审查，主要包括审查内容是否属于《专利法》中不授予专利权的范围，是否明显缺乏技术内容不能构成技术方案，是否缺乏单一性，申请文件是否齐备及格式是否符合要求。对实用新型和外观设计专利申请，除进行上述审查外，还要审查是否明显与已有专利相同，不是一个新的技术方案或者新的设计，经初审未发现驳回理由的，将直接进入授权秩序。

3. 公布阶段

发明专利申请从发出初审合格通知书起进入公布阶段，如果申请人没有提出提前公开的请求，要等到申请日起满 15 个月才进入公开准备程序；如果申请人请求提前公开的，则申请立即进入公开准备程序。

4. 实质审查阶段

发明专利申请公布以后，如果申请人已经提出实质审查请求并已生效的，该申请即进入实审程序。如果发明专利申请自申请日起满三年还未提出实审请求,或者实审请求未生效的,该申请即被视为撤回。在实质审期间,将对专利申请是否具有新颖性、创造性、实用性,以及专利法规定的其他实质性条件进行全面审查。实质审查中未发现驳回理由的,将按规定进入授权程序。

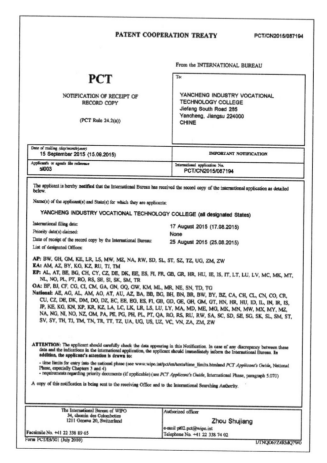

图 4-15　国际发明专利 PCT

5. 授权阶段

实用新型和外观设计专利申请经初步审查,或发明专利申请经实质审查未发现驳回理由的,由审查员做出授权通知,申请进入授权登记准备。经对授权文本的法律效力和完整性进行复核,对专利申请的著录项目进行校对、修改后,专利局发出授权通知书和办理登记手续通知书。申请人接到通知书后,应当在 2 个月之内,按照通知的要求办理登记手续并缴纳规定的费用。按期办理登记手续的,专利局将授予专利权,颁发专利证书,在专利登记簿上记录,并在 2 个月后于专利公报上公告;未按规定办理登记手续的,视为放弃取得专利权的权利。

五、专利的撰写

申请专利时提交的法律文件必须采用书面形式,并按照规定的统一格式填写。申请不同类型的专利,需要准备不同的文件。

（一）发明专利的撰写

发明专利的申请文件应当包括发明专利请求书、说明书（必要时应当有说明书附图）、权利要求书、摘要及其附图（具有说明书附图时须提供）。举例发明专利《赛络纺粒子竹节纱》（CN 101760826A）的公开文件权利要求书、说明书及说明书附图，样式如下：

权利要求书：

[1] 赛络纺粒子竹节纱，包括：间隔缠绕加捻在一起的两股须条，其特征在于：所述的纱线上还间隔设置有凸起的竹节段，在竹节段上还设置有粒子段。

说明书：

技术领域

[0001] 本发明涉及到一种赛络纺粒子竹节纱。

背景技术

[0002] 赛络纺纱线的生产方法是：将两根保持一定间距的粗纱平行喂入细纱机同一牵伸区，牵伸后，由前罗拉输出两根单纱须条，两根单纱须条上各有少量捻回，最终汇合在一起，进一步加捻成类似股线的"赛络纱"。在赛络纺纱线结构中，成纱与单股均有一定的捻度，因此，赛络纺成纱过程中实际上进行了两次加捻，纺出的纱与普通纱效果不一样，其单纱与成纱具有相同的加捻效果，而纱线外表光洁、平滑、毛羽少，虽然是单纱，但有股线的效果，可部分取代股线，因而耐磨性好。

[0003] "粒子纱"又称"结子纱"，是纱疵名称的一种，在细纱机上可以利用"粒子纱装置"生产粒子纱，其纺纱原理是：使细纱机中皮辊水平位移，活套在中皮辊上皮圈与套在中罗拉下皮圈产生搓捻，上、下皮圈上有一特殊装置，搓捻使须条产生"粒子"，粒子大小由中皮辊水平位移量来控制。

[0004] "竹节纱"也是纱疵名称的一种，在细纱机上可以利用改变细纱机罗拉速度的方式 生产竹节纱，其纺纱原理是：由竹节发生装置瞬间改变细纱机输入或输出罗拉的速度，即增大喂入量或减少输出量，使牵伸装置的牵伸倍数变小，从而产生竹节。竹节的粗度，由罗拉的速度变化量来控制；竹节的长度，根据变化速度的运行时间控制；两竹节之间的长度，在竹节控制装置上设置确定。

[0005] 上述三种纱的缺点是：风格单一，不能兼有多种优点，通常只能用于普通的纺织面 料，无法用于高档的纺织面料。

发明内容

[0006] 本发明所要解决的一个技术问题是：提供一种风格独特多样，同时具有上述三种纱的优点，并能用于高档纺织面料的赛络纺粒子竹节纱。

[0007] 为解决上述技术问题，本发明采用的技术方案为：赛络纺粒子竹节纱，包括：间隔缠绕加捻在一起的两股须条，在所述的纱线上还间隔设置有凸起的竹节段，在竹节段上还设置有粒子段。

[0008] 本发明的有益效果是：本发明所述的赛络纺粒子竹节纱同时具有赛络纺纱、粒子纱和竹节纱的优点，即(1)赛络纺纱两根粗纱须条可以是不同纤维，也可以是相同的纤维或是两根相同混纺比例的纤维，用这种纱织成的织物经单染一种纤维或两种纤维用不同的

颜色双染,织物可呈现一种丰满活泼的风格,立体感较强,而且外表光洁、平滑、毛羽少;(2)具有布面点状和段状立体感强,风格特别,个性化强,可以在许多纺织品中广泛使用。

附图说明

[0009] 图Ⅰ是本发明所述的赛络纺粒子竹节纱的结构示意图。

[0010] 图Ⅱ是本发明所述的赛络纺粒子竹节纱的生产工艺示意图。

[0011] 图Ⅰ和图Ⅱ中:1. 纱锭;2. 后罗拉;3. 中罗拉;4. 前罗拉;5. 导纱钩;6. 管纱;7. 竹节发生装置;8. 粒子发生装置;9. 纱锭;50. 纱线;51. 须条;52. 须条;53. 竹节段;54. 粒子段。

具体实施方式

[0012] 下面结合附图和具体实施例对本发明作进一步的描述。

[0013] 如图Ⅰ所示,本发明所述的赛络纺粒子竹节纱,包括:间隔缠绕加捻在一起的两股须条51和52,在所述的纱线50上还间隔设置有凸起的竹节段53,在竹节段53上还设置有粒子段54。所述的两股须条51和52可以由相同的纤维构成,也可以由不同种类的纤维构成;所述的竹节段53可以是等径竹节、变径竹节、变支竹节或节中竹节;所述的粒子54可以是等径粒子、变径粒子或异径粒子等。

[0014] 如图Ⅱ所示,所述的赛络纺粒子竹节纱的生产方式简述如下:将分别绕在两个纱锭1和9上的两根粗纱保持一定间距平行喂入细纱机同一牵伸区,进行牵伸,先经过后罗拉2、中罗拉3,再由前罗拉4输出两股单纱须条。在此过程中,竹节发生装置7会瞬间改变细纱机输入或输出罗拉的速度,即增大喂入量或减少输出量,使牵伸装置的牵伸倍数变小,从而产生竹节。在此过程中,粒子发生装置8会瞬间使细纱机中皮棍水平位移(中罗拉3的上方)、活套在中皮辊上皮圈与下皮圈(套在中罗拉)产生搓捻,上、下皮圈上有一特殊装置,搓捻使须条产生"粒子",粒子大小由中皮辊水平位移量来控制。两股单纱须条最终汇合在一起,经导纱钩5后得到管纱6;经上述生产工艺就可得到本发明所述的赛络纺粒子竹节纱。

说明书附图:

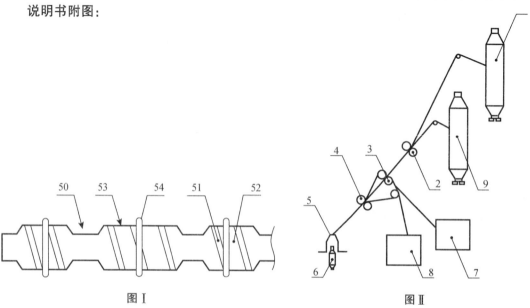

图Ⅰ   图Ⅱ

（二）实用新型专利的撰写

申请实用新型专利的，申请文件应当包括实用新型专利请求书、说明书、说明书附图、权利要求书、摘要及其附图。举例实用新型专利《一种具有自清洁功能的混纺纱线》（CN 204039605U）的公开文件权利要求书、说明书及说明书附图，样式如下：

权利要求书：

[1] 一种具有自清洁功能的混纺纱线，其特征在于：分为表层和芯层两个区域，芯层为天丝纤维，表层为木纤维、羊绒和绢丝。

说明书：

技术领域

[0001] 本实用新型涉及功能性纤维制品领域，确切地说是一种具有自清洁功能的混纺纱线。

背景技术

[0002] 木纤维是采用美洲落叶树木为原料，经蒸煮成浆再纺丝而成，具有较强的吸水性和一定的抑菌及自清洁功能，废弃后可自然分解，是一种绿色环保的新型纤维原料。目前木纤维虽已被用作开发毛巾和服装等面料产品，但是因为纯木纤维纺织品的强力较低、手感偏硬，特别是湿强下降尤为突出，导致其在纺织领域的应用寿命和范围受到较大限制。天丝是一种再生纤维素纤维，其干强力略低于涤纶，湿强比普通黏胶纤维有明显改善，具有高吸湿性、良好的水洗尺寸稳定性、柔软的手感和优异的悬垂性等优势，并且在加工、生产和废弃等环节均对环境无污染，亦是一种公认的绿色环保纤维。

[0003] 羊绒作为一种稀有的动物蛋白纤维，由于其性能优异但来源稀缺，素有"软黄金"之称，故主要用来开发高 档面料产品，其高昂的价格使其受众范围较小。绢丝虽是真丝产业的下脚料，但因其具有柔软、吸湿和富有光泽等众多优异性能，纺织产品开发人员也在积极对绢丝进行综合利用并不断拓展其应用领域。

发明内容

[0004] 本实用新型的目的在于克服以上不足，提供一种具有自清洁功能的混纺纱线，所述具有自清洁功能的混纺纱线由天丝、木纤维、羊绒和绢丝四种纤维分别染色后按照40：30：15：15的质量比组成，且分为表层和芯层两个区域，芯层为天丝纤维，表层为木纤维、羊绒和绢丝三种纤维，纱线细度为15～28 tex。

[0005] 本实用新型的技术解决方案是：一种具有自清洁功能的混纺纱线，由天丝、木纤维、羊绒和绢丝四种纤维先分别经过染色处理，再按照40：30：15：15的质量比进行混合，然后依次经过开清、梳理、并条、粗纱和细纱工序，天丝纤维因为比其他三种纤维长且细，在粗纱和细纱工序的加捻过程中被转移至纱线芯层，而木纤维、羊绒和绢丝分布于纱线的表层，最终纺制而成细度为15～28 tex的四组分混纺纱线。

[0006] 本实用新型的显著效果是，将木纤维与湿强和手感较好的天丝进行混纺，既弥补了木纤维湿强较低和手感偏硬的缺陷，延长其使用寿命，又能发挥木纤维自身所具有的抑菌及自清洁功能；采用羊绒和绢丝两种天然动物蛋白纤维与木纤维进行混纺，可改善木纤维面料的手感，同时使面料具有较好的亲肤效果，提高了产品的档次，拓展了木纤维的产品种

类及应用范围。

附图说明

[0007] 图Ⅰ是本实用新型的一种具有自清洁功能的混纺纱线的横截面示意图。其中A为芯层,B为表层,1为天丝,2为木纤维,3为羊绒,4为绢丝。

具体实施方式

[0008] 下面结合附图对本实用新型作进一步详述。

[0009] 图Ⅱ为本实用新型的一种具体实施例,一种具有自清洁功能的混纺纱线,由分别染色后的天丝1、木纤维2、羊绒3和绢丝4按照40:30:15:15的质量比进行混合纺纱,纱线分为芯层和表层,芯层为天丝纤维,表层为木纤维、羊绒和绢丝,纱线细度为18 tex。

[0010] 本实施例所述具有自清洁功能的混纺纱线的加工工艺为:

[0011] (1) 纤维染色及前处理工艺:天丝1的细度为1.13 dtex、长度为38 mm,采用活性染料染成红色;木纤维2的细度为1.4 dtex、长度为33 mm,采用直接染料染成蓝色;羊绒3的细度为1.38 dtex、长度为35 mm,采用酸性染料染成黑色;绢丝4的细度为1.57 dtex、长度为34 mm,采用活性染料染成芥黄色。采取了加湿养生预处理来改善纤维回潮率的措施,以减少纺纱过程中静电现象造成纤维绕罗拉等问题。处理配方为:抗静电剂0.5%、平平加O 0.5%、硅油0.25%、水10%,纤维加湿后需养生24 h。

[0012] (2) 纺纱流程及工艺:采用FA002型圆盘自动抓棉机,染色后的天丝1、木纤维2、羊绒3和绢丝4按照质量比40:30:15:15进行投料。经FA022多仓混棉机、FA106A豪猪式开棉机、FA141A单打手成卷机、FA201B梳棉机、FA306并条机等纺纱设备进行加工,形成定量为17 g/(5 m)的熟条。在FA458A型粗纱机上,采取捻系数105、后区牵伸倍数1.3、前罗拉速度190 r/min等工艺参数,得到定量为4.3 g/(10 m)的粗纱。然后在FA507B环锭细纱机上进行柔洁纺改造,柔洁纺纱的细纱工艺参数为:锭速8 000 r/min,捻系数300,后区牵伸倍数1.30,罗拉隔距18 mm×30 mm,前罗拉转速220~230 r/min。最终得到细度为18 tex的具有自清洁功能的天丝/木纤维/羊绒/绢丝混纺纱线,且纱线分为芯层和表层,芯层为天丝纤维,表层为木纤维、羊绒和绢丝。

说明书附图：

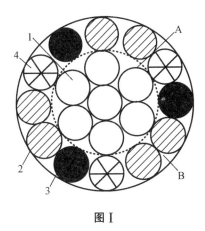

图 I

（三）外观设计专利的撰写

申请外观设计专利的申请文件应当包括外观设计专利请求书、图片或者照片，以及外观设计简要说明。

根据前期试纺工作技术报告或资料，了解专利文件起草规范和要求，结合新型纱线实用新型专利申报材料案例，模仿撰写设计新型纱线产品的权利要求书、说明书等文件，并尝试进行专利的申报。

（1）登录国家知识产权局官网，学习检索所需专利信息，学会查看专利状态。

（2）检索新型纱线产品的相关发明专利和实用新型专利，仔细阅读其公开文件内容，了解起草相关文件的注意要点。

（3）了解发明专利的文件起草规范和要求，并尝试对设计的新型纱线进行发明专利的撰写。

任务六　研发成果推广与反思

在前期新产品项目研发过程中，已完成新产品的知识产品保护（申报相关专利）及成果评价（新产品成果鉴定）等工作，获得了新产品的成熟技术路线和工艺方案，可直接进行生

产。尝试通过建立稳固的校、企、相关服务平台等多方合作关系,将研发成果进行产品升级与推广,将科技成果转化为现实生产力。

 知识准备

新型纱线研发科技成果推广转化是纺纱行业科技成果管理工作的重要组成部分,是推动纺织产业结构调整和发展方式转变的重要途径。党的十九大提出要加快转变经济发展方式,实施创新驱动发展战略,将科技创新摆在国家发展全局的核心位置,深化科技体制改革,推动科技和经济紧密结合,加快建设国家创新体系,着力构建以企业为主体、市场为导向、产学研相结合的技术创新体系。现阶段纺织工业和信息化发展的主要任务是加快纺织工业全面转型升级,全面提升纺织企业的信息化水平。要实现上述战略任务,最关键的是要依靠纺织科技创新,其中新型纱线的研发科技成果推广转化是实现纺纱科技创新成果向现实生产力转化、提升纺纱产业技术水平和自主创新能力的重要手段。因此,推动纺纱工业和信息化领域科技成果加速转化,对促进纺织工业全面转型升级具有十分重要的意义。

一、新型纺纱工业领域科技成果转化的重要意义

新型纱线研发科技成果转化是纺纱科学技术转化为生产力的重要实践途径,是实现纺纱科技与经济紧密结合的关键环节。作为生产力要素核心的科学技术,只有转化为新型纱线产品和产业,才能更好地实现其价值,才能更好地发挥新型纱线的科技进步和创新对加快转变经济发展方式的支撑作用,显著提升经济社会发展的纺织科技含量,促进纺织先进科技与产业深度融合。

(1)发挥新型纺纱工业在纺织科技创新和成果转化、应用主体作用的现实需要。纺纱工业是纺织科技创新和科技成果转化、应用的主力军。在国家科技重大专项等科技计划的带动下,通过加强纺纱企业工业自主创新,开展纺织行业重大关键技术的攻关和集成创新,纺织工业和信息化领域将取得大量的科技成果,迫切需要加大纺织工业领域科技成果推广转化力度,促进科技成果产业化,推动产业技术水平提升和新兴产业发展。

(2)为纺纱产业转型升级提供技术支撑的迫切需要。纺纱技术科技进步和创新是推进纺织工业转型升级的中心环节。要发挥纺纱科技创新对纺织工业转型升级的支撑作用,必须大力推动新型纱线科技创新成果向产业的推广应用和转化。通过大力加强纺纱科技成果推广转化,组织实施新型纺纱先进适用技术和新型纺纱行业共性技术的推广应用、技术应用试点示范,搭建新型纱线成果推广转化服务平台,组织新型纺纱成果展示交流活动等工作,可加速纺纱行业共性关键技术和适合纺纱行业特点的两化融合技术与成果的推广应用,推动新型纺纱高新技术和先进适用技术改造提升传统纺纱产业,促进纺纱工业和信息化领域的产学研结合,从而为纺织工业转型升级提供有力的技术支撑。

(3)履行科技公共服务职能,为纺织行业提供新型纺纱科技成果推广转化公共服务的迫切需要。新型纺纱科技成果推广转化是涉及纺纱企业、多种要素和多个环节的系统工程,

纺织类高校、纺织科研院所和纺纱企业围绕科技成果推广转化全过程,在新型纺纱成果信息服务、成果评价、知识产权保护、技术交易、融资、专家咨询等方面存在强烈的科技公共服务需求。目前,新型纱线科技成果推广转化公共服务机构和服务平台多依托地方省市建立,迫切需要加强纺织工业领域专业性成果推广转化服务机构和服务体系建设,为纺织行业提供综合集成的成果推广转化公共服务。

图 4-16　新型纺纱—产学研结题证书

　　盐城工业职业技术学院一直与企业保持紧密合作,先后与多家新型纺织企业合作并共同申报省产学研前瞻性项目,将科技成果积极转化,图 4-16 所示为盐城工业职业技术学院与江苏东华纺织有限公司共同申报、合作完成的江苏省产学研联合创新基金——前瞻性联合研究项目结题证书(超短细柔纤维聚绒纺关键技术前瞻性研究),成功实现了项目研究成果的转化,江苏东华纺织有限公司在 2012 年 1 月至 2016 年 12 月期间生产各类生物质超短细柔纤维混纺纱共计 1 692.5 吨,新增销售 6 449.56 万元,新增利润 621.776 万元,新增税收 132 万元,为企业稳定生产经营,稳定社会效益和企业经济效益发挥了重要作用。通过本项目的实施,改善了企业生存状况,增加吸收农村剩余劳动力 500 人,为全面建成小康社会及实现员工薪酬翻番提供了有力保障。可见,该成果的推广开创了生物质超短细柔纤维应用于高档纺织品的新思路,在推进企业产品结构调整、促进传统优势产业转型升级等方面具有应用优势,对未来众多天然生物质纤维和废弃纺织品纤维循环再生开发利用,将提供重要的技术支撑。

二、新型纺纱领域科技成果转化工作现状和存在的问题

经过几十多年的改革发展,纺织工业领域纺纱科技成果转化的政策环境不断完善,产学研相结合的科技体制改革不断推进,新型纱线的科技成果转化工作取得了显著成效。

(1)纺织工业领域产学研用结合不断推进,新型纺纱科技成果推广转化的体制障碍逐渐消除。一方面,纺纱企业已成为新型纺纱技术研发主体,面向市场的科技资源配置格局初步形成;另一方面,通过改革和纺织类高校、科研院所进行产学研结合,纺纱企业和纺织科研院所可直接根据市场需求进行新型纺纱技术研发决策和面向纱线市场进行成果转化,从源头上实现了新型纺纱科技成果与纱线市场对接。

(2)纺织科研院所和纺织类高校科技成果转化能力大幅提高。通过产学结合、校企合作、开放实验室、共建技术平台、建设大学科技园等多种方式,纺织科研院所和纺织类高校及其科研人员参与到新型纺纱产业中实施科技成果转化,一些纺织类高校科技园已形成较大产值的纱线研究与开发产业集群。

(3)财政支持纺纱科技成果转化和产业化的力度不断加大。自 2010 年起,工业和信息化部与财政部专门设立了国家重大科技成果转化项目,支持重大科技成果转化和产业化,财政支持力度不断加大。

(4)促进纺织工业领域科技成果转化的外部环境不断改善。纺织行业设立了专门的科技成果推广转化服务机构,纺织行业性的科技企业孵化器、生产力促进中心等成果推广转化中介服务机构发展壮大,各类高新区、示范基地可成为转化新型纺纱科技成果、培育新型纺纱特色产业的重要基地。虽然,纺织工业领域科技成果转化和产业化工作取得了一定的成效,但当前纺织行业科研院所和纺织类高校的科技成果与纺纱企业技术进步的需求还存在一定程度的脱节,纺织工业领域科技成果推广转化服务体系还不健全,支撑新型纺纱科技成果转化的投资非常薄弱,能够吸纳纺纱科技成果的新兴产业发展缓慢,这些问题影响了纺织工业领域科技成果的应用转化。

搜集新产品的工艺技术报告、专利、成果鉴定等技术资料,寻求恰当的企业或机构合作进行科技成果转化。

(1)了解本地域对于科技成果转化的相关政策支持,为后期的产品研发提供指引。

(2)搜集新产品相关技术资料,尝试进行各级各类科技成果转化项目的申报。

附录　彩　图

图 1-1　天然彩棉

图 1-2　木棉

图 1-3　芦荟纤维

图 1-4　薄荷纤维

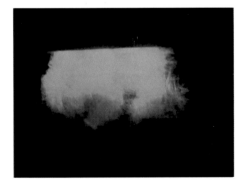

图 1-5　夜光纤维

图 1-6　珍珠纤维

图 1-8　色纺纱

图 1-9　麻灰纱

图 1-10　段彩纱

图 1-12　赛络纺示意图

图 1-20　弱捻纱制品

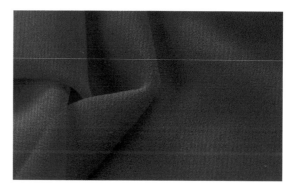

图 1-21　强捻纱制品

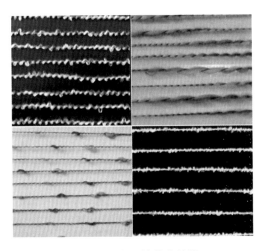

图 1-25　常见的花式纱线

图 1-34　竹节牛仔布

图 1-35　仿麻竹节纱面料

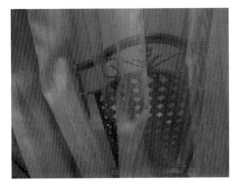

图 1-36　竹节纱窗帘

图 1-41　间断 AB 纱

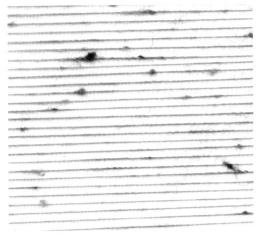

图 1-43　彩点纱

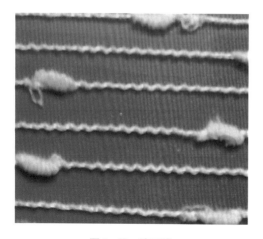

图 1-48 结子线

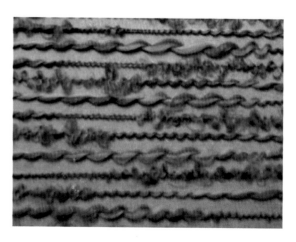

图 1-49 复合花式线

a.色调　　　b.饱和度　　　c.亮度

图 2-2 颜色的三项基本特征

图 2-4 多色混纺纱

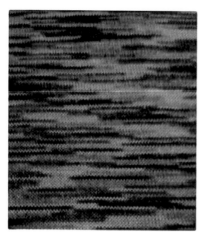

图 2-5 多色混纺纱面料

图 2-12 色纺 AB 纱

图 2-13 色纺彩点纱

图 2-14 标准对色箱

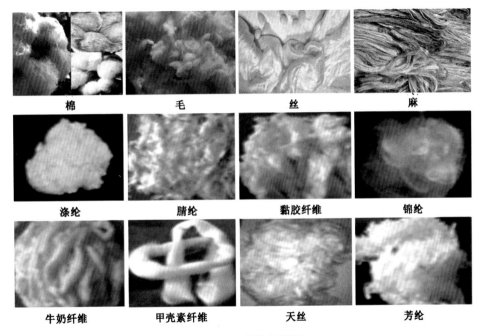

| 棉 | 毛 | 丝 | 麻 |

| 涤纶 | 腈纶 | 黏胶纤维 | 锦纶 |

| 牛奶纤维 | 甲壳素纤维 | 天丝 | 芳纶 |

图 4-1 各种纺纱原料

图 4-3 天然彩棉纱

图 4-5 感光变色纱线

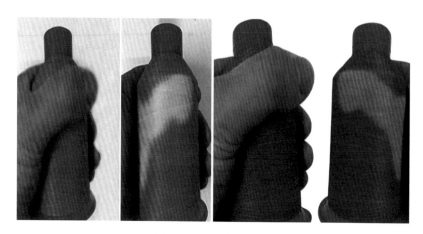

图 4-6　感温变色纱线

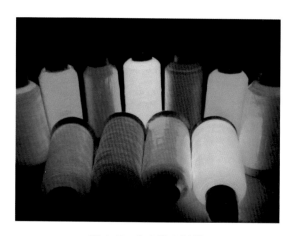

图 4-7　夜光发光纱线

图 4-11　中国优秀十大纱线品牌

图 4-12　专利证书的样式

主要参考文献

［1］王善元,于修业.新型纺织纱线(中文版)［M］.上海:东华大学出版社,2007.

［2］张萍.纺织产品设计与工艺研究［M］.北京:中国纺织出版社,2013.

［3］范文东.色彩搭配原理与技巧［M］.北京:人民美术出版社 2016.

［4］常涛.纺纱工艺设计［M］.北京:中国劳动社会保障出版社,2010.

［5］袁近.染色打样技能训练［M］.上海:东华大学出版社,2012.

［6］方勇.纺织服装市场调查与预测［M］.北京:中国纺织出版社,2009.

［7］朱正锋.纺织生产管理［M］.北京:中国纺织出版社,2010.

［8］常涛.纺纱产品质量控制［M］.北京:中国纺织出版社,2012.

［9］韩文泉.纺织企业生产管理与成本核算［M］.北京:中国劳动社会保障出版社,2013.

［10］周惠煜,刘军,冯翠,等.花式纱线开发与应用［M］.北京:中国纺织出版社,2012.

［11］王茜.几种新型纺织纤维鉴别试验方法的研究［D］.天津:天津工业大学,2008.